编 委 会

高职高专项目导向系列教材

有机产品检验技术

司　颐　主编

范福才　主审

化学工业出版社

·北京·

本书是基于工作过程项目课程的教材，将有机分析、有机化学知识、技能及有机产品检验岗位工作任务必须具备的关键能力整合为一体，按照岗位对分析检验人员的知识、能力、素质要求，选择了典型工作任务，通过完成任务的过程，创设真实工作情境，渗透必备知识。分析方法采用最新的国家标准。本书包括十个学习情境，物性检验、航空煤油碘值测定、工业季戊四醇检验、防冻液用乙二醇的检验、工业硬脂酸检验、糖类检验、医药中间体乙酰苯胺检验、防腐剂苯甲酸和山梨酸分离与检验、乙酸异戊酯合成与检验。涵盖有机产品物性检验、有机官能团的定量分析、有机产品分离技术等内容。

本书为高职院校工业分析与检验专业教学用书，也可供从事有机分析检验工作的相关技术人员参考。

图书在版编目（CIP）数据

有机产品检验技术/司颐主编. —北京：化学工业出版社，2012.7（2025.1重印）
高职高专项目导向系列教材
ISBN 978-7-122-14349-5

Ⅰ. 有… Ⅱ. 司… Ⅲ. 有机化工-化工产品-检验-高等职业教育-教材 Ⅳ. TQ207

中国版本图书馆CIP数据核字（2012）第103534号

责任编辑：张双进 陈有华　　文字编辑：孙凤英
责任校对：周梦华　　装帧设计：刘丽华

出版发行：化学工业出版社（北京市东城区青年湖南街13号 邮政编码100011）
印　　装：北京科印技术咨询服务有限公司数码印刷分部
787mm×1092mm 1/16 印张8¼ 字数190千字 2025年1月北京第1版第8次印刷

购书咨询：010-64518888　　售后服务：010-64518899
网　　址：http://www.cip.com.cn
凡购买本书，如有缺损质量问题，本社销售中心负责调换。

定　　价：25.00元

序

辽宁石化职业技术学院是于2002年经辽宁省政府审批，辽宁省教育厅与中国石油锦州石化公司联合创办的与石化产业紧密对接的独立高职院校，2010年被确定为首批“国家骨干高职立项建设学校”。多年来，学院深入探索教育教学改革，不断创新人才培养模式。

2007年，以于雷教授《高等职业教育工学结合人才培养模式理论与实践》报告为引领，学院正式启动工学结合教学改革，评选出10名工学结合教学改革能手，奠定了项目化教材建设的人才基础。

2008年，制定7个专业工学结合人才培养方案，确立21门工学结合改革课程，建设13门特色校本教材，完成了项目化教材建设的初步探索。

2009年，伴随辽宁省示范校建设，依托校企合作体制机制优势，多元化投资建成特色产学研实训基地，提供了项目化教材内容实施的环境保障。

2010年，以戴士弘教授《高职课程的能力本位项目化改造》报告为切入点，广大教师进一步解放思想、更新观念，全面进行项目化课程改造，确立了项目化教材建设的指导理念。

2011年，围绕国家骨干校建设，学院聘请李学锋教授对教师系统培训“基于工作过程系统化的高职课程开发理论”，校企专家共同构建工学结合课程体系，骨干校各重点建设专业分别形成了符合各自实际、突出各自特色的人才培养模式，并全面开展专业核心课程和带动课程的项目导向教材建设工作。

学院整体规划建设的“项目导向系列教材”包括骨干校5个重点建设专业（石油化工生产技术、炼油技术、化工设备维修技术、生产过程自动化技术、工业分析与检验）的专业标准与课程标准，以及52门课程的项目导向教材。该系列教材体现了当前高等职业教育先进的教育理念，具体体现在以下几点：

在整体设计上，摈弃了学科本位的学术理论中心设计，采用了社会本位的岗位工作任务流程中心设计，保证了教材的职业性；

在内容编排上，以对行业、企业、岗位的调研为基础，以对职业岗位群的责任、任务、工作流程分析为依据，以实际操作的工作任务为载体组织内容，增加了社会需要的新工艺、新技术、新规范、新理念，保证了教材的实用性；

在教学实施上，以学生的能力发展为本位，以实训条件和网络课程资源为手段，融教、学、做为一体，实现了基础理论、职业素质、操作能力同步，保证了教材的有效性；

在课堂评价上，着重过程性评价，弱化终结性评价，把评价作为提升再学习效能的反馈工具，保证了教材的科学性。

目前，该系列校本教材经过校内应用已收到了满意的教学效果，并已应用到企业员工培训工作中，受到了企业工程技术人员的高度评价，希望能够正式出版。根据他们的建议及实际使用效果，学院组织任课教师、企业专家和出版社编辑，对教材内容和形式再次进行了论证、修改和完善，予以整体立项出版，既是对我院几年来教育教学改革成果的一次总结，也希望能够对兄弟院校的教学改革和行业企业的员工培训有所助益。

感谢长期以来关心和支持我院教育教学改革的各位专家与同仁，感谢全体教职员工的辛勤工作，感谢化学工业出版社的大力支持。欢迎大家对我们的教学改革和本次出版的系列教材提出宝贵意见，以便持续改进。

辽宁石化职业技术学院　院长　徐继春

2012 年春于锦州

前言

有机产品检验技术是高职高专工业分析与检验专业一门重要的专业课。本教材以工业分析与检验专业人才培养方案为核心，结合化学检验工国家职业标准，以实现职业核心能力培养为目标，按照“工作过程、逆向分解、整合重构、循环提升”设计课程，将有机分析、有机化学知识、技能及有机产品检验岗位工作任务必须具备的关键能力整合为一体，构建了“任务引领，行动导向”课程体系，重构教学内容。

按照工业企业的职业岗位（群）的任职要求，以工业企业目前使用及国家标准推广的分析方法为依据，选择典型工作任务，设计十个情境，包括物性检验、航空煤油碘值测定、工业季戊四醇检验、防冻液用乙二醇的检验、工业硬脂酸检验、糖类检验、医药中间体乙酰苯胺检验、防腐剂苯甲酸和山梨酸分离与检验、乙酸异戊酯合成与检验。涵盖有机产品物性检验、有机官能团的定量分析、有机产品分离技术等内容，主要介绍测定方法、测定原理、测定步骤、测定结果、技术关键等。原理浅显易懂，测定步骤简练易做，问题阐述明了，符合学生的认知规律和工业分析岗位对学生知识、能力、素质的要求。是一本专门为高职院校学生量身定做的工业分析与检验专业的项目课程教材。

本教材由辽宁石化职业技术学院司颐担任主编，锦州市环境监测中心站王寅高级工程师指导并参与编写，辽宁石化职业技术学院范福才、赵连俊负责主审。

由于编者水平有限，难免有不妥之处，敬请批评指正，提出宝贵建议，在此表示感谢。

编者

2012 年 1 月

目录

学习情境一

有机产品物性检验

【情境导入】 物理常数是有机化合物的特性常数，一定程度上反映了分子结构的特性，杂质的存在必然引起物理常数的改变，因此，通过测定物理常数可以鉴定物质、检验化合物的纯度等。有机化工生产中，原料、中间体和产品是否合格，常以物理常数作为质量检验的重要控制指标。有机化合物的物理常数主要包括熔点、结晶点、沸点、沸程、密度、闪点、黏度、折射率和比旋光度等。

本学习情境以5个任务为引领，行动为导向，重点完成熔点、沸点、沸程、密度、折射率、比旋光度的测定，以任务带动理论知识的学习，在技能训练中强化理论知识。

任务一　熔点测定

【任务描述】

熔点是检验化合物纯度的标志，纯固体有机化合物一般都有固定的熔点，自初熔至全熔(熔点范围称为熔距)，温度不超过1℃。如该物质含有杂质，则其熔点往往较纯品为低，且熔距也较长，根据熔距长短可定性地判断该化合物的纯度。

参照标准GB/T 617—88《熔点范围测定通用方法》测定苯甲酸熔点。

一、方法概述

1. 主题内容与适用范围

规定了用毛细管法测定有机试剂熔点的通用方法。

适用于结晶或粉末状的有机试剂熔点的测定。

2. 术语及符号

熔点范围：指用毛细管法所测定的从该物质开始熔化至全部熔化时的温度范围。

3. 方法原理

以加热的方式，使熔点管中的样品从低于其初熔时的温度逐渐升至高于其终熔时的温度，通过目视观察初熔及终熔的温度，以确定样品的熔点范围。

二、仪器

1. 熔点管

用中性硬质玻璃制成的毛细管，一端熔封，内径0.9～1.1mm，壁厚0.10～0.15mm，长度以安装后上端高于传热液体液面为准（约100mm)。

2. 温度计

测量温度计（用于测定熔点范围)：单球内标式，分度值为0.1℃，并具有适当的量程。

辅助温度计（用于校正）：分度值为1℃，并具有适当的量程。

3. 控制温度加热装置。

4. 圆底烧瓶

容积约为250mL，球部直径约为80mm，颈长20～30mm，口径约为30mm，试管长为100～110mm，其直径为20mm，胶塞外侧应具有出气槽。

装置见图1-1。

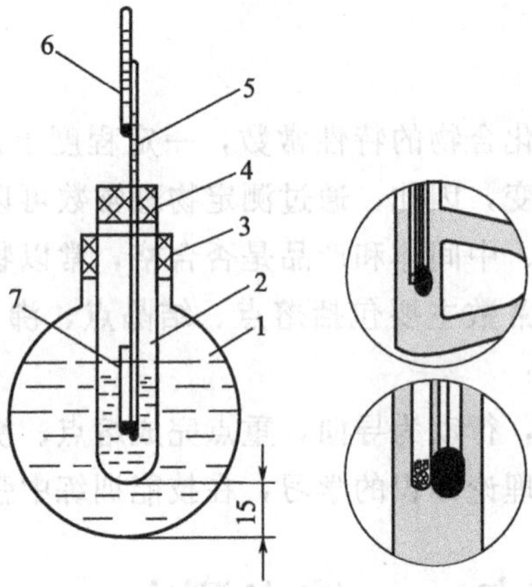

图1-1 双浴式热浴

1—圆底烧瓶；2—试管；3，4—胶塞；5—测量温度计；6—辅助温度计；7—熔点管

三、试剂

1. 传热液体

应选用沸点高于被测物终熔温度，而且性能稳定、清澈透明、黏度较小的液体作为传热液体。终熔温度在100℃以下的可采用水或液体石蜡；终熔温度在300℃以下的可采用硅油。

2. 苯甲酸。

四、操作步骤

1. 装样

将样品研成尽可能细密的粉末，装入清洁、干燥的熔点管中，取一长约800mm的干燥玻璃管，直立于玻璃板上，将装有试样的熔点管在其中投落数次（5次），直到熔点管内样品紧缩至2～3mm高。如所测的是易分解或易脱水样品，应将熔点管另一端熔封。见图1-2。

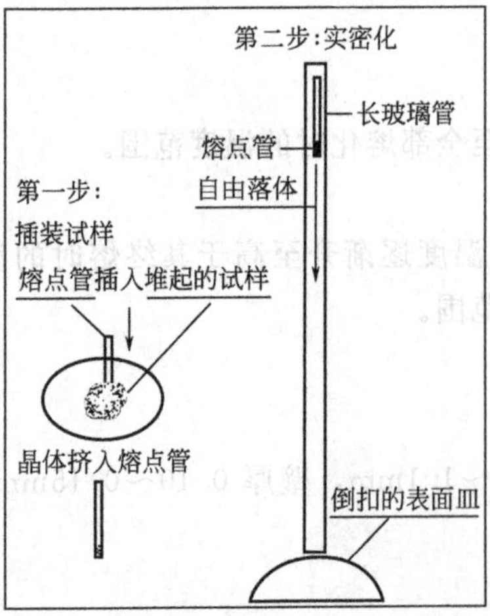

图1-2 装样方法

2. 测定

先将传热液体的温度缓缓升至比样品规格所规定的熔点范围的初熔温度低10℃，此时，将装有样品的熔点管附着于测量温度计上，使熔点管样品端与水银球的中部处于同一水平，测量温度计水银球应位于传热液体的中部，使升温速率稳定保持在(1.0±0.1)℃/min。如所测的是易分解或易脱水样品，则升温速率应保持在3℃/min。

3. 观察记录

当样品出现明显的局部液化现象时的温度即为初熔温度。当样品完全熔化时的温度即为终熔温度。记录初熔温度及终熔温度。

五、结果的表示

如测定中使用的是全浸式温度计，则应对所测得的熔点范围值进行校正，校正值按下式计算：

$$\Delta t=0.00016(t_1-t_2)h$$

式中 Δt——校正值,℃；

h——温度计露出液面或胶塞部分的水银柱高度，以温度值为单位计量,℃；

t_1——测量温度计读数,℃；

t_2——露出液面或胶塞部分的水银柱的平均温度,℃，该温度由辅助温度计测得，其水银球位于露出液面或胶塞部分的水银柱中部。

允许差：两次测定平行结果之差，熔点在 200℃以下，不应超过 0.2℃，熔点在 200℃以上，不应超过 0.3℃，取其平均值作为测定结果。

六、数据记录表格

项目	Ⅰ		Ⅱ	
	初熔温度	终熔温度	初熔温度	终熔温度
观测值				
h				
t_2				
Δt				
t_1				
熔点范围				
熔距				
t				
$t_{平均}$				

七、技术关键

① 加热升温速度是本实验的关键，当接近熔点时升温速度一定要慢，应小于 1～2℃/min；密切观察加热和熔化情况，及时记录温度变化。

② 每次测定都必须用新的毛细管另装试样，不能重复使用。因为有些某些化合物熔化时，会产生部分分解或结晶，状态发生变化而使熔点改变。

③ 测定工作结束，载热体冷却后方可倒回瓶中。温度计也要冷却后，用纸擦去载热体后方可用水冲洗，否则温度计极易炸裂。

八、考核评价

项目	序号	考核内容	分值	得分
测定准备	1	仪器选择正确(测量温度计、辅助温度计量程和分度值)	5	
	2	载热体选择正确	5	
仪器安装	3	从下到上的顺序	5	
	4	测量温度计和辅助温度计位置、毛细管位置	5	
测定步骤	5	装样正确,填实高度 2～3mm	5	
	6	升温速度	5	
	7	熔点观测正确	5	
	8	校正计算	5	

续表

项目	序号	考核内容	分值	得分
仪器拆卸	9	按与安装相反的顺序拆卸	5	
团队协作	10	分工明确，各尽其职	3	
	11	仪器清点完好，台面整洁	2	
考核结果				

【知识链接】

一、熔点

在常压下，固体物质受热而从固态转变成液态的过程，叫做熔化。反之，当物质放热时，从液态转变成固态的过程叫凝固。在标准大气压下，物质的固态与液态平衡时的温度称为该物质的熔点。

物质最初熔化时的温度称为"初熔点"，物质完全熔化时的温度称为"终熔点"。物质开始熔化至全部熔化时的温度范围，叫做**熔点范围或熔距**。

熔点与物质纯度关系：纯净的固体有机物具有一定的熔点，熔距不超过1℃，当有杂质时熔点下降，熔距加宽。所以熔点是检验固体有机化合物纯度的重要标志。

鉴定某已知化合物时，如果能取得该化合物的标准品作比较，则熔点可作为鉴定该化合物的证据。如果试样的熔点与标准样品熔点相近，但熔距较宽，说明试样不纯，含杂质较多。

鉴定某未知物时，如测得其熔点和某已知物的熔点相同或相近时，不能认为它们为同一物质。还需把它们混合，测该混合物的熔点，若熔点仍不变，才能认为它们为同一物质。若混合物熔点降低，熔距增大，则说明它们属于不同的物质。混合熔点试验，是检验两种熔点相同或相近的有机物是否为同一物质的最简便方法。

二、熔点测定方法

熔点测定方法：毛细管法和显微熔点测定法。

毛细管法（最常用方法）：双浴式热浴（GB 617—88）见图 1-1，提勒管热浴见图 1-3。

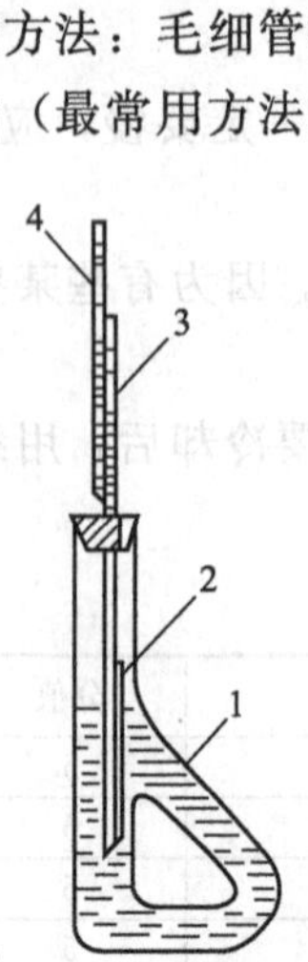

图 1-3 提勒管热浴

1—提勒管（b形管）；2—毛细管；
3—温度计；4—辅助温度计

> **熔点测定方法**
>
> **双浴式热浴**：采用双载热体加热，具有加热均匀、容易控制加热速度的优点，是目前国家标准和一般实验室测定熔点的装置。
>
> **提勒管热浴**：有利于载热体受热时在支管内产生对流循环，使得整个管内的载热体能保持相当均匀的温度分布。

载热体选择：选用载热体的沸点高于试样全熔温度，且性能稳定，透明清澈，表 1-1 列出几种常用的载热体。

表 1-1　常用载热体

载热体	使用温度范围/℃	载热体	使用温度范围/℃
浓硫酸	<220	液体石蜡	<230
磷酸	<300	固体石蜡	270～280
7 份浓硫酸和 3 份硫酸钾混合	220～320	有机硅油	<350
6 份浓硫酸和 4 份硫酸钾混合	<365	熔融氯化锌	360～600
甘油	<230	水	<100

有机硅油是无色透明、热稳定性较好的液体。具有比相同黏度液体石蜡的闪点高、不易着火以及在相当宽的温度范围内黏度变化不大等优点，所以，目前被广泛使用。

三、熔点测定的影响因素

测定熔点是有机定性分析中一项极重要的操作，熔点测定不准会导致错误的结论，测定时必须严格遵守规定的条件，注意下列因素的影响。

1. 杂质

试样中混入杂质（水分、灰尘或其他物质）时，熔点降低、熔距增大。因此，测定熔点前试样一定要干燥，并防止混入杂质。

2. 毛细管

毛细管内壁应洁净、干燥，否则熔点偏低。底部要熔封，但不宜太厚。粗细要均匀，内径约为 1mm，过细装样困难，过粗使试样受热不均匀。

3. 试样的填装

试样装入前要尽量研细、装实。装入量切不可过多，否则产生熔距增大或结果偏高的误差。试样一定要装紧，疏松会使测得值偏低。一般要求毛细管中试样振实至 2～3mm 高。测定易分解、易脱水、易吸潮或升华的试样时，应将毛细管另一端熔封。

4. 升温速度

升温速度快，测定值偏高，不易读数；升温速度慢，精准，但升温速度过慢，试样分解，熔点偏低。

载热体升温过快，来不及传到毛细管内的试样，即试样未达到载热体的温度时，温度计已经显示出了载热体的温度，所以，测得值偏高；升温速度越慢，温度计读数越精确。但对于易分解和易脱水的试样，升温速度太慢，加热时间太长，会使熔点偏低。

升温速度应均匀上升，不准反复升降。加热到距熔点 10℃时放入样品毛细管，以防止试样长时间受热而分解、变质。所以，生产上对所测试样的升温速度都有具体规定，应严格遵守。

5. 熔化现象的观察

试样出现明显的局部液化现象时的温度为初熔温度，试样刚好全部熔化时的温度为终熔温度。这两个温度之间的间隔称为熔距。某些试样在熔化前出现收缩、软化、出汗（在毛细管壁出现细微液滴）或发毛（试样受热后膨胀发松，表面不平整）等现象，均不作为初熔的判断，否则测得值偏低。受热过程中，试样收缩、软化、出汗、发毛阶段过长，说明试样质量较差。

6. 平行测定

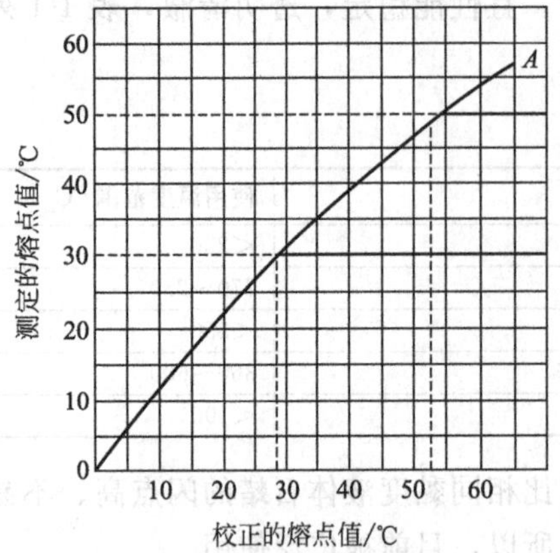

图 1-4 温度计校正曲线

熔点的测定至少要有两次重复的数据，每一次测定都必须用新的熔点管，装新样品。进行第二次测定时，要等浴温冷至其熔点以下约 30℃再进行。

7. 温度计的误差及其校正

所测出的熔点数据是否准确，关键之一在于温度计是否准确，所用棒式玻璃温度计或内标式玻璃温度计，其测量精度为分度值 0.1℃，并具有适当的量程，在使用前必须用标准温度计进行示值误差的校正。

（1）温度计的校正

① 用标准温度计校正。校正温度计可选用一标准温度计校正。将一标准温度计与欲校正的温度计并列放入石蜡浴中，用机械搅拌石蜡浴，控制温度每分钟升高 2～3℃，每隔 5℃分别记下两个温度计的读数，将观察到的数值与校正值（±）做出校正曲线进行校正。

② 通过测定纯化合物的熔点校正。如果没有标准温度计，可通过测定纯化合物的熔点来进行校正，常用于温度计校正的化合物见表 1-2。选择数种已知熔点的纯化合物为标准，测定它们的熔点，以观察到的熔点为纵坐标，测得熔点与已知熔点差值为横坐标，画成曲线，即可从曲线上读出任一温度的校正值。温度计校正曲线见图 1-4，一般要求 150℃以下，校正值＜0.5℃；150℃以上，校正值＜1℃；而且**每年至少校正一次**。

表 1-2 常用于温度计校正的化合物

化合物	熔点/℃	化合物	熔点/℃
水-冰	1	脲	132.8
环己醇	25.45	水杨酸	158.3
薄荷醇	42.5	琥珀酸	182.8
二苯酮	48.1	蒽	216.18
对硝基甲苯	51.65	邻苯二甲酰亚胺	233.5
萘	80.25	对硝基苯甲酸	241.0
乙酰苯胺	114.2	酚酞	265.0
苯甲酸	122.36	蒽醌	286.0

（2）测定值校正

测定熔点时温度计不能全浸在热浴内，一段水银柱外露在空气中，由于受空气冷却的影响，使观测的温度比真实浴温低一些，此校正值可以用下式求出：

$$校正值\ \Delta t = 0.00016(t_1 - t_2)h$$

式中，系数 0.00016 表示玻璃与水银膨胀系数的差值；t_1 是温度计读数；t_2 是没有浸入加热液体中那一段水银柱的平均温度（可用辅助温度计，把辅助温度计水银柱放在熔点浴与主温度计指示温度点 t_1 的中间，再读辅助温度计的指示温度，如此即可近似地测出 t_2）；h 表示外露在热浴液面的水银柱高度，以温度值为单位计量。校正后的熔点 $t = t_1 + \Delta t$。

四、显微熔点测定法

除利用毛细管法测定熔点外，现在实验室越来越多使用显微熔点测定仪来测定熔点，见图 1-5、图 1-6。

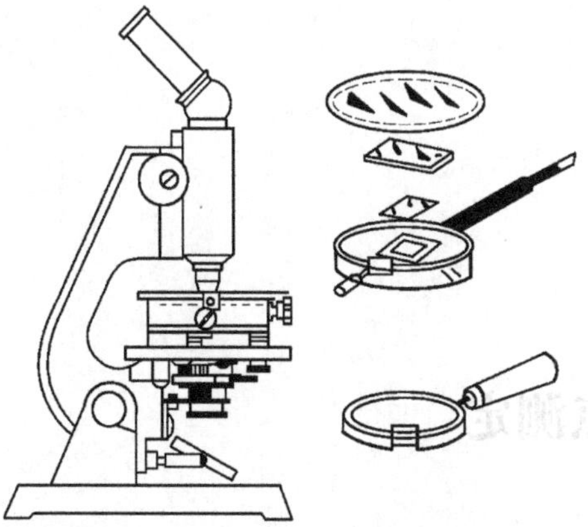

图 1-5　显微熔点测定仪示意图

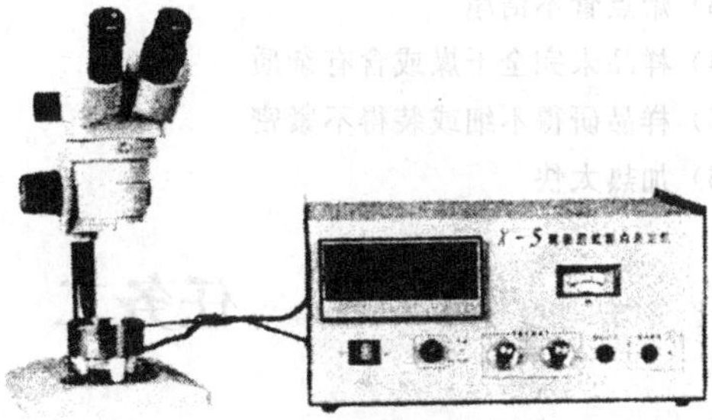

图 1-6　显微熔点测定仪

显微熔点测定仪是一个带有电热载物台的显微镜。利用可变电阻，使电热装置的升温速度可随意调节。将校正的温度计插在侧面的孔内。测定熔点时，通过放大倍数的显微镜来观察。用这种仪器来测定熔点具有下列优点：能直接观察结晶在熔化前与熔化后的一些变化；测定时，只需要几颗晶体就能测定，特别适用于微量分析；能看出晶体的升华、分解、脱水及由一种晶型转化为另一种晶型；能测出最低共熔点等。这种仪器，也适用于“熔融分析”，即对物质加热、熔化、冷却、固化及其与参考试样共熔时所发生的现象进行观察，根据观察结果来鉴定有机物。但仪器较复杂，一般工厂实验室还常用毛细管法测熔点。

能力测评

1. 化合物的熔点是指（　　）。

   A. 常压下固液两相达到平衡时的温度　　B. 任意常压下固液两相达到平衡时的温度

2. 测定熔点的方法有（　　）。

   A. 毛细管法　　B. 熔点仪法　　C. 蒸馏法　　D. 分馏法

3. 下列说法中错误的是（　　）。

   A. 熔点是指物质的固态与液态共存时的温度
   B. 纯化合物的熔距一般介于 0.5～1℃
   C. 测熔点是确定固体化合物纯度的方便、有效的方法
   D. 初熔的温度是指固体物质软化时的温度

4. 下列说法中正确的是（　　）。

   A. 杂质使熔点升高，熔距拉长
   B. 用石蜡油做油浴，不能测定熔点在 200℃以上的熔点
   C. 毛细管内有少量水，不必干燥
   D. 用过的毛细管可重复测定

5. 熔距是指化合物（　　）温度的差。

   A. 初熔与终熔　　B. 室温与初熔　　C. 室温与终熔　　D. 文献熔点与实测熔点

6. 毛细管法测熔点时，使测定结果偏高的因素是（　　）。

   A. 样品装得太紧　　B. 加热太快　　C. 加热太慢　　D. 毛细管靠壁

7. 什么是熔距？测定与物质强度有何关系？物质不纯的熔点及熔距有何变化？
8. 测熔点时样品为什么要研细、装实？一般熔点管中装多少样品？
9. 第一次测熔点时已经熔化的有机化合物是否可再作第二次测定？为什么？

10. 测熔点时，若有下列情况将产生什么结果？

（1）熔点管壁太厚

（2）熔点管底部未完全封闭，尚有一针孔

（3）熔点管不洁净

（4）样品未完全干燥或含有杂质

（5）样品研得不细或装得不紧密

（6）加热太快

任务二　沸点测定

【任务描述】

沸点是检验液体有机化合物纯度的标志。纯物质在一定压力下有恒定的沸点，其沸点范围即沸程一般不超过1～2℃，不纯的液态有机化合物没有恒定的沸点，沸程增大。因此，根据沸点的测定可以间接鉴定有机化合物及其纯度。

参照标准 GB/T 616—2006《化学试剂　沸点范围测定通用方法》测定乙酸乙酯沸点。

一、方法概述

1. 测定范围

规定了液体有机试剂沸点测定通用方法。

适用于受热易分解、氧化的液体有机试剂的沸点测定。

2. 方法原理

当液体温度升高时，其蒸气压随之增加，当液体的蒸气压与大气压相等时，开始沸腾。在标准状况下（101.325kPa，0℃）液体的沸腾温度即为该液体的沸点。

二、仪器

沸点测定装置见图1-7、图1-8。

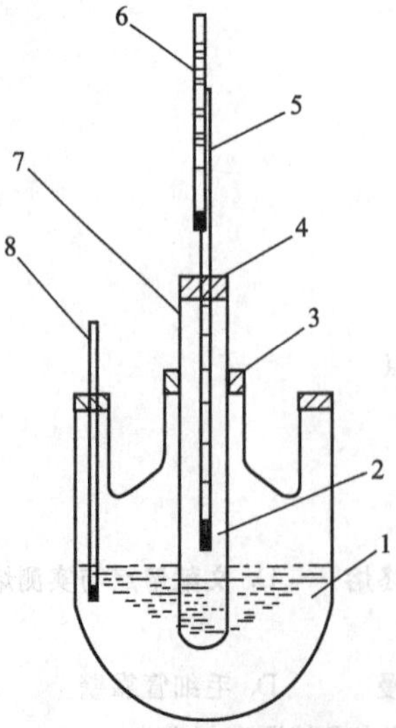

图1-7　沸点测定装置图

1—三口圆底烧瓶；2—试管；3，4—胶塞；5—测量温度计；6—辅助温度计；7—测孔；8—温度计

图1-8　沸点测定仪

1. 三口圆底烧瓶

三口圆底烧瓶的有效体积为500mL。

2. 试管

试管长190～200mm，距试管口约15mm处有一直径为2mm的侧孔。

3. 胶塞

胶塞的外侧具有出气槽。

4. 测量温度计和辅助温度计

测量温度计选用分度值为0.1℃的全浸式水银温度计，示值范围适合于所测样品的沸点温度，用辅助温度计在蒸馏过程中露出塞外部分的水银柱进行校正。

辅助温度计的温度范围为0～50℃，分度值为1℃。

5. 气压计。

三、操作步骤

按图1-7安装好测定装置。三口圆底烧瓶、试管及测量温度计以胶塞连接，测量温度计下端与试管液面相距20mm。将辅助温度计附在测量温度计上，使其水银球在测量温度计露出胶塞外的水银柱中部。烧瓶中注入约为其体积二分之一的载热体。

量取适量样品，注入试管中，其液面略低于烧瓶中硅油的液面。加热，当温度上升到某一定值并在相当时间内保持不变时，此温度即为待测样品的沸点。记录观测沸点、室温和大气压。

四、沸点校正

1. 气压计读数的校正——温度和纬度的校正

$$p=p_1-\Delta p_1+\Delta p_2$$

式中　p——经校正后的气压，hPa；

p_1——室温时的气压（经气压计校正的测定值），hPa；

Δp_1——由室温时之气压换算至0℃时气压之校正值，hPa；

Δp_2——纬度校正值，hPa。

其中Δp_1，Δp_2由表1-3和表1-4查得。

2. 沸点或沸程随气压的变化值

沸点或沸程温度随气压的变化值按下式计算：

$$\Delta t_p=K(103.325-p)$$

式中　Δt_p——沸点或沸程温度随气压的变化值，℃；

K——沸点或沸程温度随气压的变化率，根据沸点或沸程温度由表1-5中查出，℃/hPa；

p——经温度和纬度校正后的气压值，hPa。

3. 温度计外露段的校正

$$\Delta t_2=0.00016(t_p-t_2)h$$

式中　t_p——观测气压下的沸点温度，℃；

t_2——露出塞外部分的水银柱的平均温度（该温度由辅助温度计测得），℃；

h——温度计露出液面或胶塞部分的水银柱高度，以温度值为单位计量，℃。

表 1-3 气压计读数温度校正值

室温 t/℃	气压计读数/hPa							
	925	950	975	1000	1025	1050	1075	1100
10	1.51	1.55	1.59	1.63	1.67	1.71	1.75	1.79
11	1.66	1.70	1.75	1.79	1.84	1.88	1.93	1.97
12	1.81	1.86	1.90	1.95	2.00	2.05	2.10	2.15
13	1.96	2.01	2.06	2.12	2.17	2.22	2.28	2.33
14	2.11	2.16	2.22	2.28	2.34	2.39	2.45	2.51
15	2.26	2.32	2.38	2.44	2.50	2.56	2.63	2.69
16	2.41	2.47	2.54	2.60	2.67	2.73	2.80	2.87
17	2.56	2.63	2.70	2.77	2.83	2.90	2.97	3.04
18	2.71	2.78	2.85	2.93	3.00	3.07	3.15	3.22
19	2.86	2.93	3.01	3.09	3.17	3.25	3.32	3.40
20	3.01	3.09	3.17	3.25	3.33	3.42	3.50	3.58
21	3.16	3.24	3.33	3.41	3.50	3.59	3.67	3.76
22	3.31	3.40	3.49	3.58	3.67	3.76	3.85	3.94
23	3.46	3.55	3.65	3.74	3.83	3.93	4.02	4.12
24	3.61	3.71	3.81	3.90	4.00	4.10	4.20	4.29
25	3.76	3.86	3.96	4.06	4.17	4.27	4.37	4.47
26	3.91	4.01	4.12	4.23	4.33	4.44	4.55	4.66
27	4.06	4.17	4.28	4.39	4.50	4.61	4.72	4.83
28	4.21	4.32	4.44	4.55	4.66	4.78	4.89	5.01
29	4.36	4.47	4.59	4.71	4.83	4.95	5.07	5.19
30	4.51	4.63	4.75	4.87	5.00	5.12	5.24	5.37
31	4.66	4.79	4.91	5.04	5.16	5.29	5.41	5.54
32	4.81	4.94	5.07	5.20	5.33	5.46	5.59	5.72
33	4.96	5.09	5.23	5.36	5.49	5.63	5.76	5.90
34	5.11	5.25	5.38	5.52	5.66	5.80	5.94	6.07
35	5.26	5.40	5.54	5.68	5.82	5.97	6.11	6.25

表 1-4 纬度校正值

纬度/(°)	气压计读数 / hPa							
	925	950	975	1000	1025	1050	1075	1100
0	−2.18	−2.55	−2.62	−2.69	−2.76	−2.83	−2.90	−2.97
5	−2.14	−2.51	−2.57	−2.64	−2.71	−2.77	−2.81	−2.91
10	−2.35	−2.41	−2.47	−2.53	−2.59	−2.65	−2.71	−2.77
15	−2.16	−2.22	−2.28	−2.34	−2.39	−2.45	−2.54	−2.57
20	−1.92	−1.97	−2.02	−2.07	−2.12	−2.17	−2.23	−2.28
25	−1.61	−1.66	−1.70	−1.75	−1.79	−1.84	−1.89	−1.94
30	−1.27	−1.30	−1.33	−1.37	−1.40	−1.44	−1.48	−1.52
35	−0.89	−0.91	−0.93	−0.95	−0.97	−0.99	−1.02	−1.05
40	−0.48	−0.49	−0.50	−0.51	−0.52	−0.53	−0.54	−0.55
45	−0.05	−0.05	−0.05	−0.05	−0.05	−0.05	−0.05	−0.05
50	+0.37	+0.39	+0.40	+0.41	+0.43	+0.44	+0.45	+0.46
55	+0.79	+0.81	+0.83	+0.86	+0.88	+0.91	+0.93	+0.95
60	+1.17	+1.20	+1.24	+1.27	+1.30	+1.33	+1.36	+1.39
65	+1.52	+1.56	+1.60	+1.65	+1.69	+1.73	+1.77	+1.81
70	+1.83	+1.87	+1.92	+1.97	+2.02	+2.07	+2.12	+2.17

表 1-5　沸点随气压的变化率

标准中规定的沸程温度/℃	气压相差 1hPa 的校正值/℃	标准中规定的沸程温度/℃	气压相差 1hPa 的校正值/℃
10～30	0.026	210～230	0.044
30～50	0.029	230～250	0.047
50～70	0.030	250～270	0.048
70～90	0.032	270～290	0.050
90～110	0.034	290～310	0.052
110～130	0.035	310～330	0.053
130～150	0.038	330～350	0.056
150～170	0.039	350～370	0.057
170～190	0.041	370～390	0.059
190～210	0.043	390～410	0.061

4. 校正后的沸点或沸程温度

$$t=t_1+\Delta t_1+\Delta t_2+\Delta t_p$$

式中　t_1——试样的沸点或沸程温度读数，℃；

Δt_1——温度计示值的校正值，℃；

Δt_2——温度计外露段校正值，℃；

Δt_p——沸点或沸程温度随气压的变化值，℃。

五、数据记录表格

海　拔			
北纬		东经	
当日气压		当日温度	
测定次数	Ⅰ	Ⅱ	
沸点观测值 t_1			
Δt_p			
h			
t_2			
Δt_2			
校正后沸点 t			
沸点平均值			
$t_{平均}$			

六、技术关键

① 测定时当温度上升到某一定数值并在相当时间内保持不变时，此温度即为试样的沸点，持续时间不长，注意观察。

② 记录下室温及气压，并进行气压对沸点的影响的校正和温度计外露段的校正，求出校正后的沸点值。

七、考核评价

项目	序号	考　核　内　容	分值	得分
测定准备	1	仪器选择正确(测量温度计、辅助温度计量程和分度值)	5	
	2	载热体选择正确	5	

续表

项目	序号	考 核 内 容	分值	得分
仪器安装	3	从下到上的顺序	5	
	4	测量温度计位置 辅助温度计位置 载热体液面位置 被测样品液面位置	5	
测定步骤	5	升温速度	5	
	6	沸点观测正确	5	
	7	校正计算	5	
仪器拆卸	8	按与安装相反的顺序拆卸	5	
团队协作	9	分工明确，各尽其职	5	
	10	仪器清点完好，台面整洁	5	
考核结果				

【知识链接】

一、沸点

沸点（boiling point）定义为：在标准状态下，液体的沸腾温度，常记作 t_{bp}。是液体有机物的一个重要物理常数，是检验液体有机物纯度的一项重要指标。

当液态物质受热时，蒸气压增大，待蒸气压大到和大气压或所给压力相等时，液体沸腾即达到沸点。纯物质在一定压力下有恒定的沸点，不纯物质没有恒定的沸点，但有固定的沸点的物质不一定是纯物质。有些化合物形成恒沸混合物，也有固定的沸点。所以沸程小的物质，未必就是纯质。例如，乙醇 95.6%和水 4.4%混合，形成沸点为 78.2℃的恒沸混合物。

二、沸点测定方法

沸点测定的方法：常量法（即蒸馏法）和微量法（即毛细管法）。

沸点测定方法

常量法：是国标规定的液体有机试剂沸点测定的通用方法，可适用于受热易分解、易氧化液体有机试剂。

毛细管法：适用于少量试样，且纯度较高的样品。其优点是很少量试样就能满足测定的要求，主要缺点是只有试样特别纯才能测得准确值，如果试样含少量易挥发杂质，则所得的沸点值偏低。

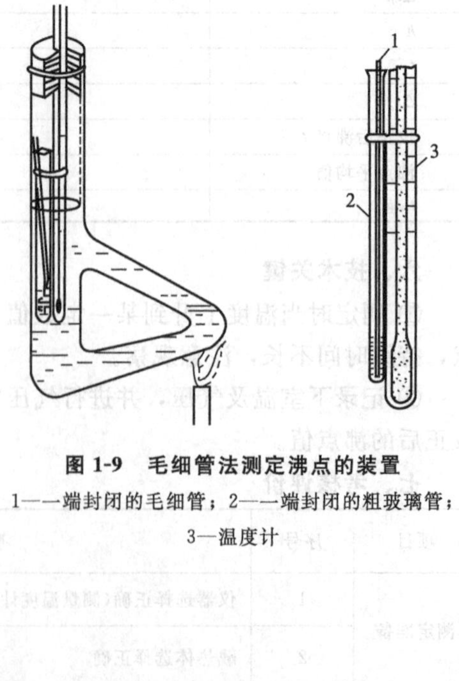

图 1-9 毛细管法测定沸点的装置

1——一端封闭的毛细管；2——一端封闭的粗玻璃管；3—温度计

1. 常量法

见任务二沸点测定。

2. 毛细管法

毛细管法测沸点的装置如图 1-9 所示。

沸点管由一支直径 5～6mm、长 70～80mm 的一端封闭的玻璃管，和一根直径 1mm、长 90～100mm 的一端封闭的毛细管组成，取试样 0.3～0.5mL 注入玻璃管中，将毛细管倒置其内，其开口端向下。把沸点管缚于温度计上，置于热浴中，缓缓加热，直至从倒插的毛细管中冒出一股快而连续的气泡流时，即移去热源，气泡逸出速度因冷却速度而逐渐减慢，当气泡停止逸出而液体刚要进入毛细管时，表明毛细管内蒸气压等于外界大气压，此刻的温度即为沸点。

测定时注意，加热不可剧烈，否则液体迅速蒸发至干无法测定；但必须将试样加热至沸点以上再停止加热，若在沸点以下就移去热源，液体就会立即进入毛细管内，这是由于管内集积的蒸气压小于大气压的缘故。

三、沸点、沸程的校正

有机化合物的沸点随外界压力的改变而发生变化，所以如果不是在标准大气压下进行沸点测定时，必须将所测得的沸点加以校正。

所谓标准大气压指温度为 0℃，重力以纬度 45°、760mmHg（1mmHg=133.322Pa，下同）作用于海平面上的压力。其数值为 101325Pa（1013.25hPa）。

在观测大气压时，通常使海平面上用固定槽式水银气压计，观测地区和标准大气压所规定的条件（0℃，重力以纬度 45°、海平面高度）不相符，因此首先要对气压计的读数进行温度和纬度的校正，然后再进行气压对沸点的校正。

【例】 沸程温度校正示例：苯甲醛沸点的校正。

已知：

观测的沸点	177.0℃	辅助温度计读数	45℃
室温	22.5℃	胶塞上沿处温度计刻度	140℃
气压（室温下的气压）	1020.35hPa	温度计示值校正值	−0.2℃
测量处的纬度	35°		

试求试样的沸点？

【解】

① 将观测气压换算至 0℃的大气压

$$p_0 = 1020.35 - 3.83 = 1016.52\text{hPa}$$

② 将 0℃时的气压进行纬度校正

$$p = 1016.52 + (-0.97) = 1015.55\text{hPa}$$

③ 沸点随气压的变化值

$$\begin{aligned}\Delta t_p &= K(1013.25 - 1015.55)\\ &= 0.041 \times (1013.25 - 1015.55)\\ &= -0.09℃\end{aligned}$$

④ 温度计外露段的校正

$$\begin{aligned}\Delta t_2 &= 0.00016(t_1 - t_2)h\\ &= 0.00016 \times (177.0 - 45) \times (177.0 - 140)\\ &= 0.78℃\end{aligned}$$

⑤ 苯甲醛沸点值 t

$$t = t_1 + \Delta t_1 + \Delta t_2 + \Delta t_p$$
$$= 177.0 + (-0.2) + 0.78 + (-0.09)$$
$$= 177.5℃$$

四、福廷式气压计

福廷式气压计是一种单管真空汞压力计，其结构如图 1-10 所示。福廷式气压计是以汞柱来平衡大气压力。

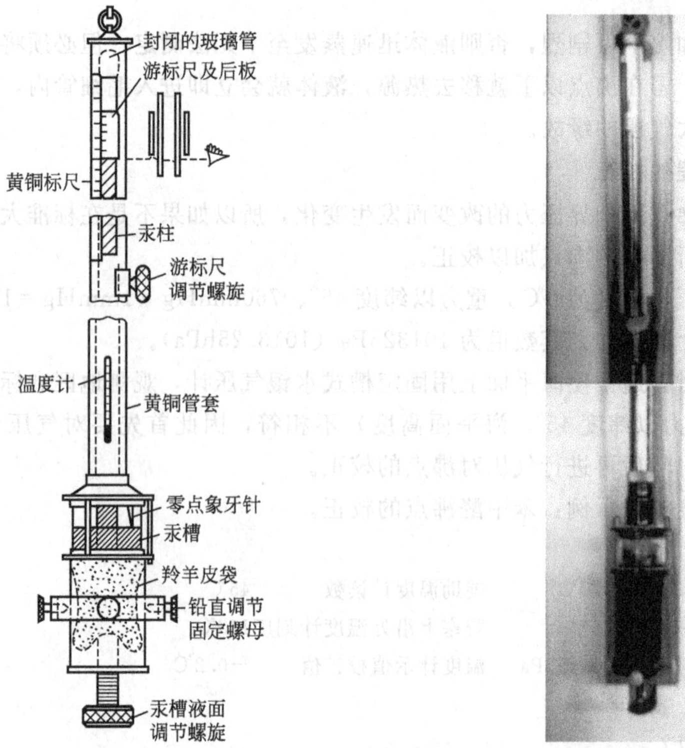

图 1-10 福廷式气压计

气压计的使用方法如下。

1. 铅直调节

福廷式气压计必须垂直放置。

2. 调节汞槽内的汞面高度

慢慢旋转底部的汞面调节螺旋，使汞槽内的汞面升高。直到汞面恰好与象牙针尖接触，然后轻轻扣动铜管使玻璃管上部汞的弯曲正常，这时象牙针与汞面的接触应没有什么变动。

3. 调节游标尺

转动游标尺调节螺旋，使游标尺的下沿边与管中汞柱的凸面相切，这时观察者的眼睛和游标尺前后的两个下沿边应在同一水平面。

4. 读数

游标尺的零线在标尺上所指的刻度，为大气压力的整数部分（mm 或 kPa），再从游标尺上找出一根卡与标尺某一刻度相吻合的刻度线，此游标刻度线上的数值即为大气压力的小数部分。如图 1-11 所示。

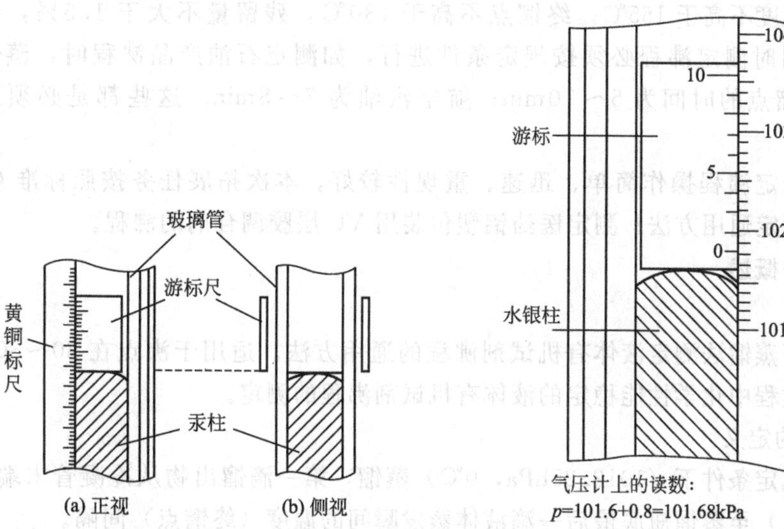

图 1-11　气压计读数

5. 整理工作

向下转动汞槽液面调节螺旋，使汞面离开象牙针，记下气压计上附属温度计的温度读数，并从所附的仪器校正卡片上读取该气压计的仪器误差。

能力测评

1. 微量法测沸点，应记录的沸点温度为（　　）。

　A. 内管中第一个气泡出现时的温度　B. 内管中有连续气泡出现时的温度

　C. 内管中最后一个气泡不再冒出并要缩回时的温度

2. 在挥发性液体中加入不挥发溶质时（　　）。

　A. 对沸点无影响　　B. 沸点降低　　C. 沸点升高

3. 常量法测沸点，应记录的沸点温度为（　　）。

　A. 内管液体沸腾的温度　　B. 测定时当温度上升到某一定数值并在相当时间内保持不变时

　C. 内管中最后一个气泡不再冒出并要缩回时的温度

4. 测得某种液体有固定的沸点，能否认为该液体是单纯物质？为什么？

5. 毛细管法测沸点有何要点？有何适用性？

6. 测沸点时，升温速度快慢对测定结果有何影响？

拓展任务　沸程测定

对有机试剂、化工和石油产品，沸程是其质量控制的主要指标之一。在规定条件下，对100mL 试样进行蒸馏，记录初馏点和终馏点，即记录第一滴试样馏出的温度（初馏点）和蒸馏瓶中全部液体蒸发后，蒸馏温度停止上升，并开始下降时的温度（终馏点）。同时记录蒸出不同体积试样时的温度，以及残留量和损失量。

与熔点一样，物质越纯，沸程就越短，根据不同的沸程数据，确定产品的质量。如国家标准规定工业乙二醇的质量等级：在标准状况（0℃，1013.25hPa）下，优等品沸程范围196～199℃，一等品沸程范围 195～200℃，合格品沸程范围 193～204℃；如某车用汽油的沸程规格为初馏点不低于 35℃，10％馏出温度不高于 70℃，50％的馏出温度不高于 105℃，

90%的馏出温度不高于165℃。终馏点不高于180℃，残留量不大于1.5%，损失量不大于2.5%。同时测定沸程必须按规定条件进行，如测定石油产品沸程时，蒸馏汽油从开始加热到初馏点的时间为5～10min；航空汽油为7～8min。这些都是必须遵守的最重要条件。

蒸馏法测定沸程操作简单、迅速、重现性较好。本次拓展任务按照标准GB/T 615—2006《沸程测定通用方法》测定医药铝塑包装用VC层胶调合剂的沸程。

一、方法概述

1. 范围

规定了用蒸馏法测定液体有机试剂沸程的通用方法。适用于沸点在30～300℃范围内，并且在蒸馏过程中化学性能稳定的液体有机试剂沸程的测定。

2. 沸程的定义

液体在规定条件下（1013.25hPa，0℃）蒸馏，第一滴馏出物从冷凝管末端落下的瞬间温度（初馏点）至蒸馏瓶底最后一滴液体蒸发瞬间的温度（终馏点）间隔。

3. 方法原理

用蒸馏的方法测定已知温度范围的馏出体积。

二、仪器

蒸馏仪器装置见图1-12。

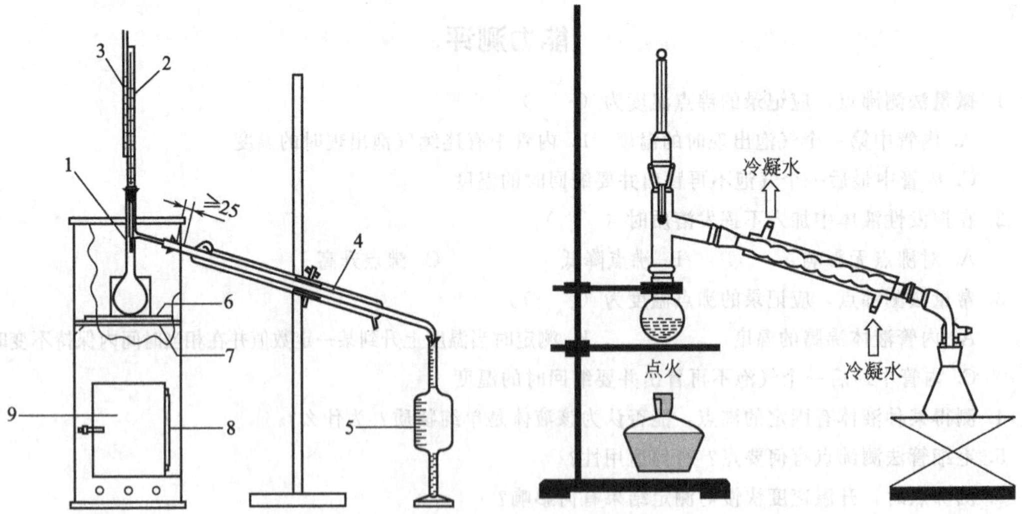

图1-12 蒸馏仪器装置示意图

1—支管蒸馏瓶；2—测量温度计；3—辅助温度计；4—冷凝器；5—接收器；6—隔热板；7—隔热板架；8—蒸馏瓶外罩；9—热源

① 支管蒸馏烧瓶有效容积为100mL。

② 测量温度计、辅助温度计。

③ 冷凝管。

④ 接收器容量为100mL，两端各10mL，分度值为0.5mL。

⑤ 气压计。

三、测定

注意：蒸馏应在通风良好的通风橱中进行。

1. 量取样品

用接收器量取（100±1）mL样品。若样品的沸程温度范围下限低于80℃，则应在5～10℃温度下量取样品及测量馏出液体积（将接收器距顶端25mm处以下浸入5～10℃的水浴中）；若样品的沸程温度范围下限高于80℃，则在常温下量取样品及测量馏出液体积；上述测量均采用水冷。若样品的沸程温度范围上限高于150℃，则应采用空气冷凝，在常温下量取样品及测量馏出液体积。

2. 安装

将样品全部转移至蒸馏瓶中，不得使之流入支管，向蒸馏瓶中加入几粒清洁、干燥的沸石，装好温度计，测量温度计水银球上端与支管蒸馏瓶的瓶颈和支管接合部的下沿保持水平，如图1-13所示。将辅助温度计附在测量温度计上，使其水银球在测量温度计露出胶塞外的水银柱中部。

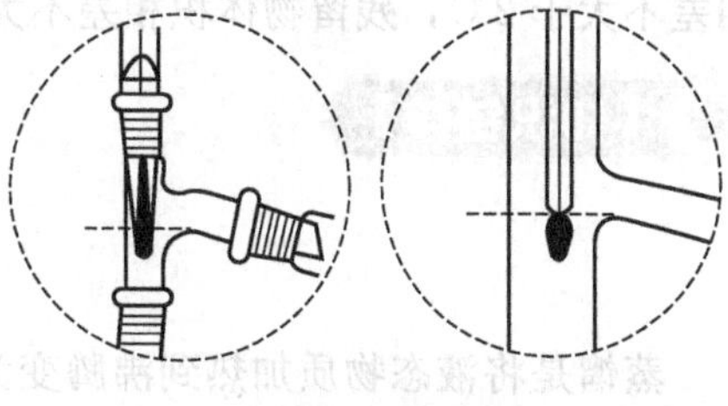

图 1-13 温度计位置

将接收器（不必经过干燥）置于冷凝管下端，使冷凝管口进入接收器部分不少于25mm，也不低于100mL刻度线，接收器口塞以棉塞，并确保向冷凝管稳定地提供冷却水。

3. 测定

开始加热，调节蒸馏速度，对沸程温度低于100℃的样品，应使自加热起至第一滴冷凝液滴入接收器的时间为5～10min；对于沸程温度高于100℃的样品，上述时间应控制在10～15min，然后将蒸馏速度控制在3～4mL/min。

4. 记录

记录观测沸程温度范围内的馏出物体积，记录室温时的大气压。

记录初馏点的观测温度 t_1（第一滴试样馏出的温度），以后可每馏出10mL馏出物记录一次温度。当馏出物总量达到90mL时，调节加热速度，使被蒸物在3～5min内达到终馏点，即温度读数上升至最高点又开始显出下降趋势时，立即停止加热。

5min后记下量筒内收集到的馏出物总体积，即回收量 $V_{回}$。

停止加热后，先取下加热罩，使烧瓶冷却5min，卸下烧瓶，将瓶内残留液倒入10mL量筒内，冷至室温后，记下残留液体积，即残留量 $V_{残}$。

四、测定结果的表示

1. 各测量点温度校正

同任务二沸点校正。

$$t=t_1+\Delta t_1+\Delta t_2+\Delta t_p$$

式中 t_1——试样的沸点或沸程温度读数，℃；

Δt_1——温度计示值的校正值，℃；

Δt_2——温度计外露段校正值，℃；

Δt_p——沸点或沸程温度随气压的变化值，℃。

2. 蒸馏损失量的计算

$$V_{损}=100\text{mL}-V_{回}-V_{残}$$

五、技术关键

① 安装仪器时，若样品的沸程温度范围上限高于150℃，则应采用空气冷凝管。

② 量取样品和测量残留液体积时，若样品的沸程温度范围下限低于80℃，则应在5～10℃条件下进行（将接收器部分浸入冷水浴中）。

③ 蒸馏应在通风良好的通风橱中进行。

④ 平行测定中两次测定结果一般允许：初馏点温度相差不大于4℃，中间及终馏点温度相差不大于2℃，残留物体积相差不大于0.2mL。

【知识链接】

蒸　馏

蒸馏是将液态物质加热到沸腾变为蒸气，再将蒸气冷凝为液体的过程。

蒸馏用途

1. 液体物质的分离与纯化（分离的混合物中各组分的沸点相差30℃以上）
2. 测定化合物的沸点
3. 回收溶剂或浓缩溶液

常用术语

沸程：初馏温度～终馏温度

馏分：不同温度范围的馏出液

残留物：最后没有蒸馏出来的物质

蒸馏方法分类

1. 常压蒸馏：适于沸点较低且比较稳定的液体化合物
2. 水蒸气蒸馏：适于沸点较高（但有一定蒸气压）、容易分解且不溶于水的化合物
3. 减压蒸馏：适于沸点较高或较不稳定的液体化合物
4. 分馏：适于沸点较为接近的液体化合物

一、常压蒸馏

1. 蒸馏装置

① 汽化部分　由圆底烧瓶、蒸馏头、温度计组成。液体在瓶内受热汽化，蒸气经蒸馏头侧管进入冷凝器中，蒸馏瓶的大小一般选择待蒸馏液体的体积不超过其容量的1/2，也不少于1/3。

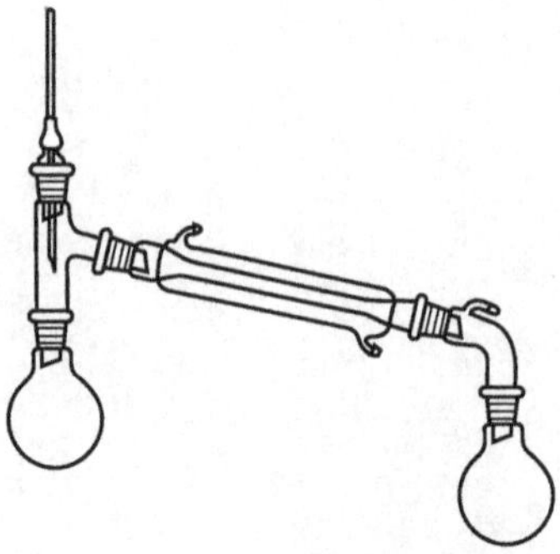

图1-14　常压蒸馏装置

② 冷凝部分　由冷凝管组成，当液体的沸点高于140℃时选用空气冷凝管，低于140℃时则选用水冷凝管（通常采用直形冷凝管而不采用球形冷凝管）。冷凝管下端侧管为进水口，上端侧管为出水口，安装时应注意上端出水口侧管应向上，保证套管内充满水。

③ 接收部分　由接液管、接收器（圆底烧瓶或锥形瓶）组成，用于收集冷凝后的液体，当所用接液管无支管时，接液管和接收器之间不可密封，应与外界大气相通。

④ 热源　当液体沸点低于80℃时通常采用水浴，高于80℃时采用封闭式的电加热器并配上调压变压器控温。

常压蒸馏装置如图1-14所示，常用冷凝管如表1-6所示。

表1-6　常用冷凝管

常用冷凝管			
用于蒸馏		用于回流	
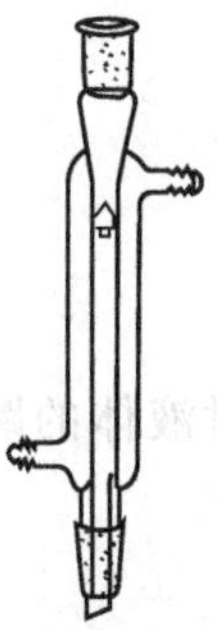 直形冷凝管	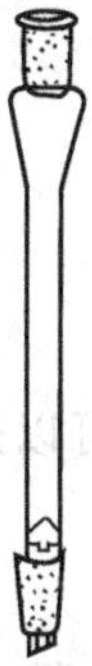 空气冷凝管	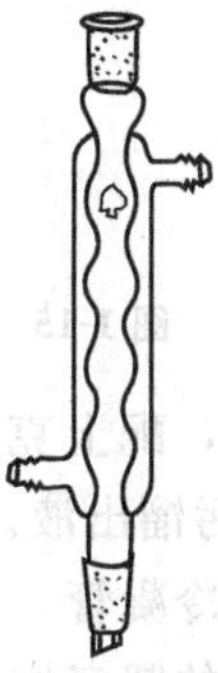 球形冷凝管	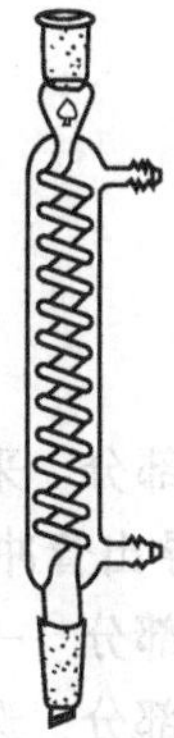 蛇形冷凝管
液体的沸点低于130℃	液体的沸点高130℃	普通回流	低沸点液体

2. 注意事项

① 加几粒沸石，防止爆沸。若忘记加沸石，必须在液体温度低于其沸腾温度时方可补加，切忌在液体沸腾或接近沸腾时加入沸石。

② 始终保证蒸馏体系与大气相通。

③ 蒸馏过程中欲向烧瓶中添加液体，必须在停止加热冷却后进行，不得中断冷凝水。

④ 对于乙醚等易生成过氧化物的化合物，蒸馏前必须检验过氧化物，若含过氧化物，务必除去后方可蒸馏且不得蒸干，蒸馏硝基化合物也切忌蒸干，以防爆炸。

⑤ 当蒸馏易挥发和易燃的物质时，不得使用明火加热，否则容易引起火灾事故。

⑥ 停止蒸馏时应先停止加热，冷却后再关冷凝水。按装配时的逆向顺序逐件拆除装置。

二、水蒸气蒸馏

水蒸气蒸馏是在不溶或难溶于热水并有一定挥发性的有机化合物中加入水后加热或通入水蒸气后使其沸腾，然后冷却蒸气使有机物和水同时被蒸馏出来。水蒸气蒸馏的优点在于所需要的有机物可在较低的温度下从混合物中蒸馏出来，通常用在下列几种情况。

① 在沸点附近易分解的物质。能在低于100℃的情况下蒸出。

② 混合物中含有大量树脂状杂质或不挥发性杂质，采用蒸馏、萃取等方法都难于分离的。

使用水蒸气蒸馏时，被提纯有机物应具备下列条件：不溶或难溶于水；共沸腾下，与水不发生化学反应；在水的正常沸点时必须具有一定的蒸气压（一般不小于1333Pa）。

1. 仪器装置

包括水蒸气发生器、蒸馏部分、冷凝部分和接收器四个部分，见图1-15。

① 水蒸气发生器　一般使用专用的金属制的水蒸气发生器，水蒸气发生器导出管与一个T形管相连，T形管的支管套上一短橡皮管。橡皮管用螺旋夹夹住，以便及时除去冷凝下来的水滴，T形管的另一端与蒸馏部分的导管相连，这段水蒸气导管应尽可能短些，以减少水蒸气的冷凝。

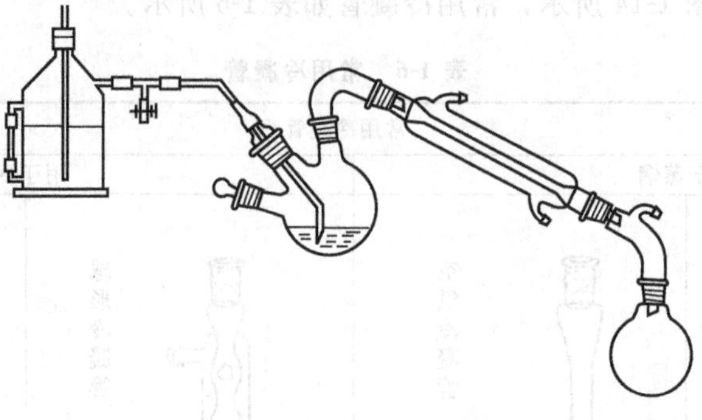

图 1-15　水蒸气蒸馏装置

② 蒸馏部分　采用圆底烧瓶，配上克氏蒸馏头，这样可以避免由于蒸馏时液体的跳动引起液体从导出管冲出，以致沾污馏出液。

③ 冷凝部分　一般选用直形冷凝管。

④ 接收部分　选择合适容量的圆底烧瓶或梨形瓶作接收器。

2. 操作要点

① 水蒸气发生器上必须装有安全管，安全管不宜太短，下端应插到接近底部，盛水量通常为发生器容量的一半，最多不超过 2/3。

② 水蒸气发生器与水蒸气导入管之间必须连接 T 形管，蒸汽导管尽量短，以减少蒸汽的冷凝。

③ 被蒸馏的物质一般不超过其容积的 1/3，水蒸气导入管不宜过细，一般选用内径大于或等于 7mm 的玻璃管。

④ 如果水蒸气在烧瓶中冷凝过多，烧瓶内混合物体积增加，以至超过烧瓶容积的 2/3 时，或者水蒸气蒸馏速度不快时，可对烧瓶进行加热，要注意烧瓶内崩跳现象，如果崩跳剧烈，则不应加热，以免发生意外。蒸馏速度为 2～3 滴/s。

⑤ 欲中断或停止蒸馏一定要先旋开 T 形管上的螺旋夹，然后停止加热，最后再关冷凝水。否则烧瓶内混合物将倒吸到水蒸气发生器中。

三、减压蒸馏

某些沸点较高的有机化合物在常压下加热还未达到沸点时便会发生分解、氧化或聚合时，不能采用普通蒸馏，应使用减压蒸馏。当蒸馏系统内的压力降低后，其沸点降低，使得液体在较低的温度下汽化而逸出，继而冷凝成液体，然后收集在一容器中，这种在较低的压力下进行蒸馏的操作称减压蒸馏。减压蒸馏对于分离或提纯沸点较高或性质比较不稳定的液态有机化合物具有特别重要的意义。

人们通常把低于 1×10^{-5} Pa 的气态空间称为真空，实验室常用水喷射泵（水泵）或真空泵（油泵）来提高系统真空度。

1. 减压蒸馏的装置

减压蒸馏的装置见图 1-16，主要仪器设备：蒸馏烧瓶、冷凝管、接收器、测压计、吸收装置、安全瓶和减压泵。

① 蒸馏部分　由蒸馏烧瓶、冷凝管、接收器三部分构成。

蒸馏烧瓶采用圆底烧瓶，冷凝管一般选用直形冷凝管，接收器一般选用多个梨形（圆形）烧瓶接在多头接液管上，如图 1-17 所示。

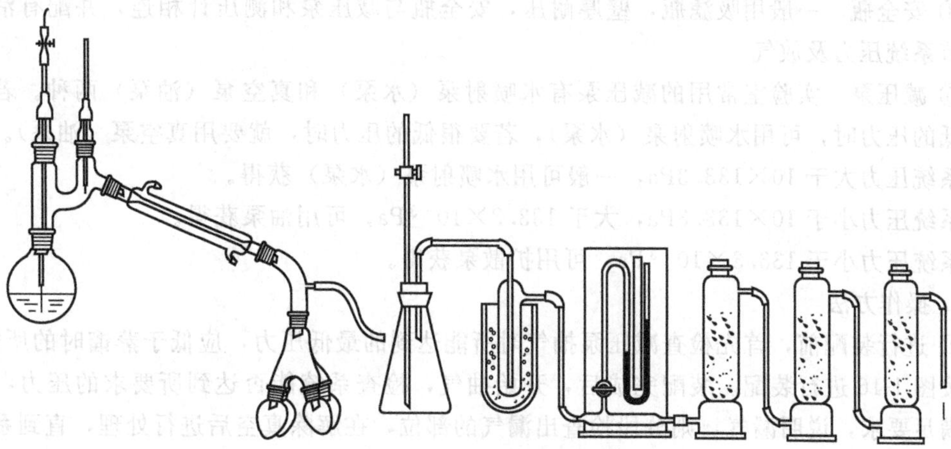

图 1-16　减压蒸馏的装置

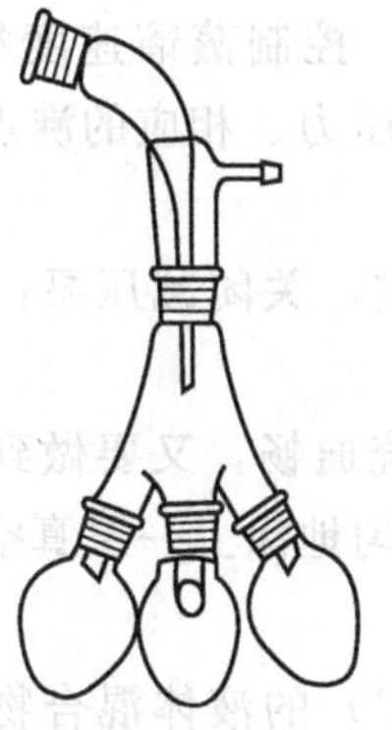

图 1-17　接收器

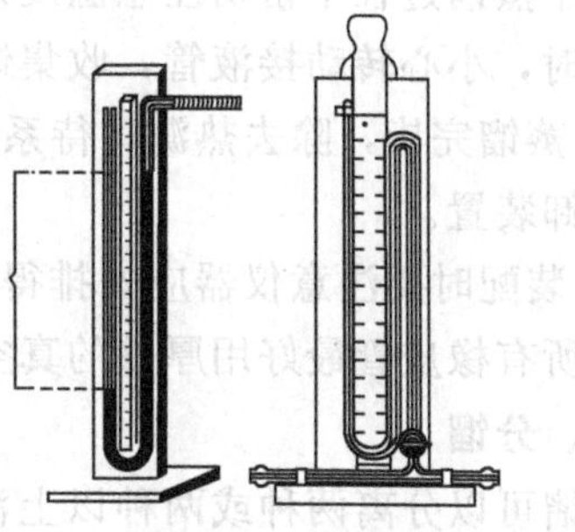

图 1-18　水银压力计

② 测压计　测压计有玻璃和金属的两种。常使用的是水银压力计，是将汞装入 U 形玻璃管中制成的，分为开口式和封闭式，如图 1-18 所示，开口式水银压力计读数时必须配有大气压计，因为两管中汞柱高度的差值是大气压力与系统内压之差，所以蒸馏系统内的实际压力应为大气压力减去这一汞柱之差，其所量压力准确。封闭式水银压力计轻巧方便，两管中汞柱高度的差值即为系统内压，但不及开口式水银压力计所量压力准确，常用开口式水银压力计来校正。

金属制压力表，其所量压力的准确度完全由机械设备的精密度决定。一般的压力表所测压力不太准确，然而它轻巧，不易损坏，使用安全，对测量压力准确度要求不太高时用其非常方便。

③ 吸收装置　只有使用真空泵时采用此装置，其作用是吸收对真空泵有害的各种气体或蒸气，借以保护减压设备，一般由下述几部分组成。

捕集管——用来冷凝水蒸气和一些挥发性物质，捕集管外用冰-盐混合物冷却。

氢氧化钠吸收塔——用来吸收酸性蒸气。

硅胶（或用无水氯化钙）干燥塔——用来吸收经捕集管和氢氧化钠吸收塔后还未除净的残余水蒸气。

④ 安全瓶　一般用吸滤瓶，壁厚耐压，安全瓶与减压泵和测压计相连，并配有活塞用来调节系统压力及放气。

⑤ 减压泵　实验室常用的减压泵有水喷射泵（水泵）和真空泵（油泵）两种。若不需要很低的压力时，可用水喷射泵（水泵），若要很低的压力时，就要用真空泵（油泵）。

系统压力大于 10×133.3Pa，一般可用水喷射泵（水泵）获得。

系统压力小于 10×133.3Pa，大于 133.3×10^{-3}Pa，可用油泵获得。

系统压力小于 133.3×10^{-3}Pa，可用扩散泵获得。

2. 操作方法

① 进行装配前，首先检查减压泵抽气时所能达到的最低压力，应低于蒸馏时的所需值，然后按图 1-16 进行装配。装配完成后，开始抽气，检查系统能否达到所要求的压力，如果不能满足要求，说明漏气，则分段检查出漏气的部位，在解除真空后进行处理，直到系统能达到所要求的压力为止。

② 解除真空，装入待蒸馏液体，其量不得超过烧瓶容积的 1/2，然后开动减压泵抽气，调节安全瓶上的活塞达到所需压力。

③ 开启冷凝水，开始加热，液体沸腾时，应调节热源，控制蒸馏速度每秒 1～2 滴为宜。整个蒸馏过程中密切注意温度计和压力的读数，并记录压力、相应的沸点等数据。当达到要求时，小心转动接液管，收集馏出掖，直到蒸馏结束。

④ 蒸馏完毕，除去热源，待系统稍冷后，缓慢解除真空，关闭减压泵，最后关闭冷凝水，拆卸装置。

⑤ 装配时要注意仪器应安排得十分紧凑，既要做到系统通畅，又要做到不漏气，气密性好，所有橡皮管最好用厚壁的真空用的橡皮管，磨口处均匀地涂上一层真空脂。

四、分馏

蒸馏可以分离两种或两种以上沸点相差较大（大于 30℃）的液体混合物，而对于沸点相差较小的或沸点接近的液体混合物，仅用一次蒸馏不可能把它们分开。若要获得良好的分离效果，可采用分馏。

分馏实际上就是使沸腾着的混合物蒸气通过分馏柱（工业上用分馏塔）进行一系列的热交换，由于柱外空气的冷却，蒸气中的高沸点组分被冷却为液体，回流入烧瓶中，上升的蒸气中含低沸点组分就相对地增加，当上升的蒸气遇到回流的冷凝液，两者之间又进行热交换，使上升的蒸气中高沸点的组分又被冷凝，低沸点的组分仍继续上升，低沸点组分的含量又增加了，如此在分馏柱内反复进行着汽化、冷凝、回流过程，当分馏柱的效率相当高且操作正确时，在分馏柱顶部出来的蒸气就接近于纯低沸点的组分。这样，最终便可将沸点不同的物质分离出来。

分馏实质是多次蒸馏，分馏使冷凝、蒸发的过程由一次变成多次，大大地提高了蒸馏的效率。

在分馏过程中，有时可能得到与单纯化合物相似的混合物，它也具有固定的沸点和组成，这种混合物称为共沸混合物（或恒沸混合物），它的沸点（高于或低于其中的每一组分）称为共沸点，该混合物不能用分馏法进一步分离。

分馏的效率与回流比有关。一般来说，回流比越高分馏效率就越高，但回流比太高，则蒸馏液被馏出的量少，分馏速度慢。

1. 分馏装置

通常情况下的分馏装置与蒸馏装置所不同的地方就在于多了一个分馏柱，如图 1-19 所示。由于分馏柱构造上的差异使分馏装置有简单和精密之分。

实验室常用的分馏柱安装和操作都非常方便。图 1-20（a）是韦氏分馏柱，也称刺形分馏柱，分馏效率不高，仅相当于两次普通的蒸馏。图 1-20（b）、图 1-20（c）是填料分馏柱，内部可装入高效填料，提高分馏效率。

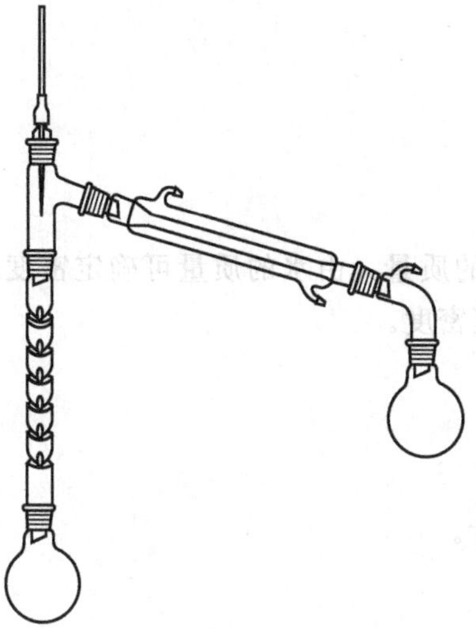

图 1-19　分馏装置

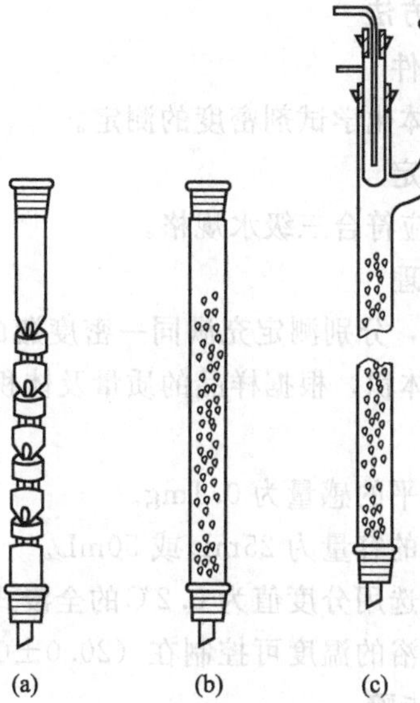

图 1-20 分馏柱

2. 操作要点

① 将待分馏的混合物放入圆底烧瓶中，加入沸石，分馏柱用铁夹固定。

② 选择合适的热源，开始加热。当液体一沸腾就及时调节热源，使蒸气慢慢升入分馏柱，10～15min 后蒸气到达柱顶，这时可观察到温度计的水银球上出现了液滴。

③ 调小热源，让蒸气仅到柱顶而不进入支管就全部冷凝，回流到烧瓶中，维持 5min 左右，使填料完全湿润，开始正常工作。

④ 调大热源，控制液体的馏出速度为每秒 2～3 滴，这样可得到较好的分馏效果。待温度计读数骤然下降，说明低沸点组分已蒸完，可继续升温，按沸点收集第二、第三种组分的馏出液，当欲收集的组分全部收集完后，停止加热。

3. 注意事项

① 一定要缓慢进行，控制好恒定的分馏速度。

② 要有足够量的液体回流，保证合适的回流比。

③ 尽量减少分馏柱的热量失散和波动。

任务三　密度测定

【任务描述】

密度是液态有机化工产品重要的物理参数之一，测定密度可以区分化学组成相似而密度不同的液体物质，鉴定液体产品的纯度以及某些溶液的浓度。因此在有机产品检验中密度是许多液体产品的质量控制指标之一。

参照国家标准GB/T 611—2006《化学试剂　密度测定通用方法》分别采用密度瓶、韦氏天平测定有机产品液体密度。

子任务一　密度瓶法测定密度

一、试验方法

1. 适用条件

适用于液体化学试剂密度的测定。

2. 一般规定

实验用水应符合三级水规格。

3. 方法原理

在20℃时，分别测定充满同一密度瓶的水及样品的质量，由水的质量可确定密度瓶的容积即样品的体积，根据样品的质量及体积即可计算其密度。

二、仪器

① 分析天平的感量为0.1mg。

② 密度瓶的容量为25mL或50mL。

③ 温度计选用分度值为0.2℃的全浸式水银温度计。

④ 恒温水浴的温度可控制在（20.0±0.1)℃。

三、测定步骤

① 将密度瓶洗净并干燥，带温度计（或瓶塞）及侧孔罩称量，然后取下温度计（或瓶塞）及侧孔罩，用新煮沸并冷却至15℃左右的水充满密度瓶，不得带入气泡，插入温度计（或瓶塞)，将密度瓶置于（20.0±0.1)℃的恒温水浴中，至密度瓶中液体温度达到20℃，并使侧管中的液面与侧管齐平，立即盖上侧孔罩，取出密度瓶，用滤纸擦干其外壁上的水，立即称量，如图1-21、图1-22所示。

② 用样品代替水重复操作。

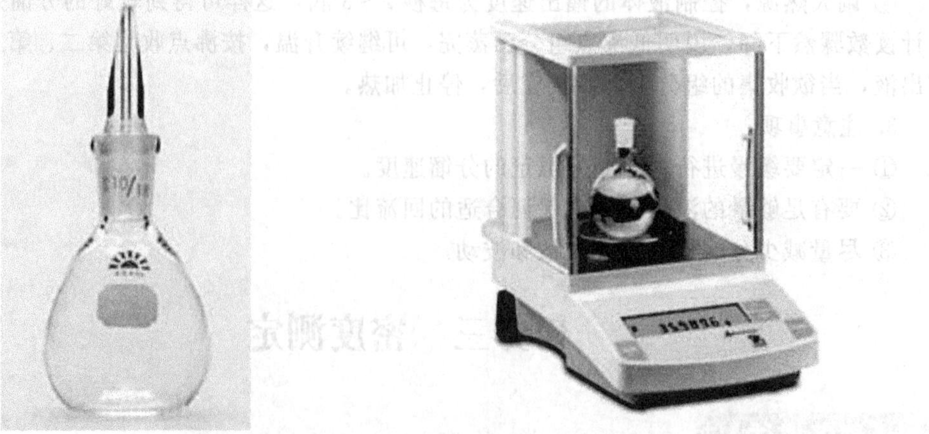

图1-21　密度瓶及称量

四、结果计算

样品的密度 ρ 以"g/mL"表示：

$$\rho=\frac{m_{样}+A}{m_{水}+A}\times\rho_0$$

$$\rho=\frac{m_{样}+A}{m_{水}+A}\times0.99820$$

式中　$m_{样}$——充满密度瓶所需样品的表观质量，g；

$m_{水}$——充满密度瓶所需水的表观质量，g；

ρ_0——20℃时水的密度，0.99820g/mL；

A——空气浮力校正值。

空气浮力校正值 A，按下式计算：

$$A=\frac{m_{样}}{0.9970}\times0.0012$$

$$A=\frac{m_{样}}{\rho_0-\rho_a}\rho_a$$

式中　ρ_a——干燥空气在20℃、1013.25hPa时的密度，约为0.0012g/mL；

ρ_0——20℃时水的密度，0.99820g/mL。

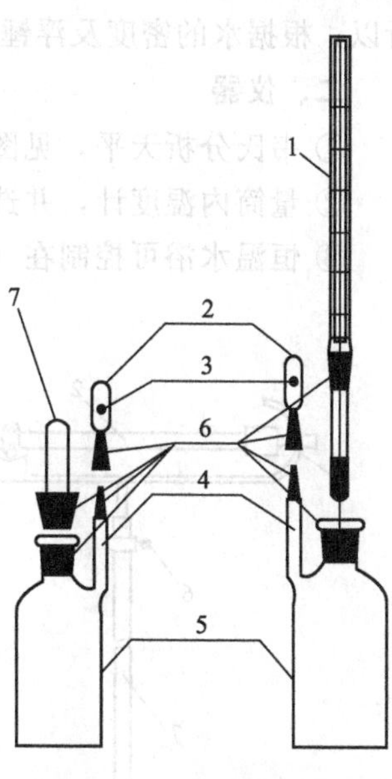

图 1-22　密度瓶示意图

1—温度计；2—侧孔罩；3—侧孔；4—侧管；5—密度瓶主体；6—玻璃磨口；7—瓶塞

五、说明和注意事项

① 水及试样必须注满密度瓶，并注意密度瓶内不得有气泡。

② 要小心从水浴中取出，不得用手直接接触已达恒温的密度瓶球部，以免液体受热流出。

③ 随着试液温度的上升，过多的液体将不断从塞孔溢出，随时用滤纸将瓶塞顶端擦干，待液体不再由塞孔溢出。

④ 从恒温水浴中取出装有水和试样的密度瓶后，要迅速进行称量。当室温较高与20℃相差较大时，由于试样和水的挥发，天平读数变化较大，待读数基本恒定，读取四位有效数即可。

⑤ 通常情况下 A 值的影响很小，可忽略不计，则试样的密度 ρ 按下式计算：

$$\rho=\frac{m_{样}}{m_{水}}\times0.99820$$

⑥ 要求平行测定两次结果差值小于0.0005，取其平均值。

子任务二　韦氏天平法测定密度

一、试验方法

1. 适用条件

适用于液体化学试剂密度的测定。

2. 一般规定

实验用水应符合三级水规格。

3. 方法原理

在20℃时，分别测定浮锤在水及样品中的浮力。由于浮锤所排开的样品的体积相同，所以，根据水的密度及浮锤在水与样品中的浮力即可计算出样品的密度。

二、仪器

① 韦氏分析天平，见图1-23。浮锤内温度计分度值为0.1℃。

② 量筒内温度计，并选用分度值为0.1℃的全浸式水银温度计。

③ 恒温水浴可控制在（20.0±0.1)℃。

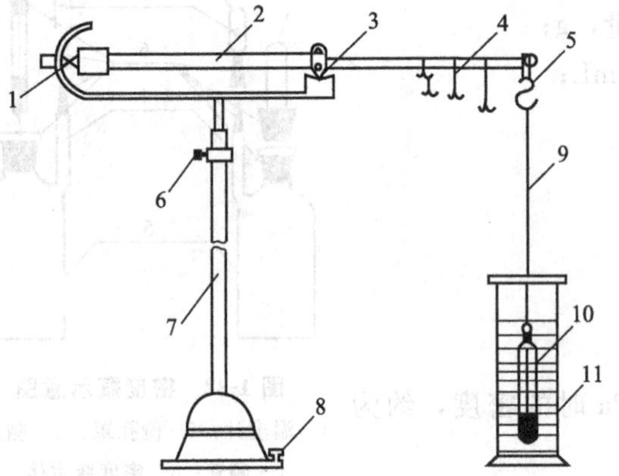

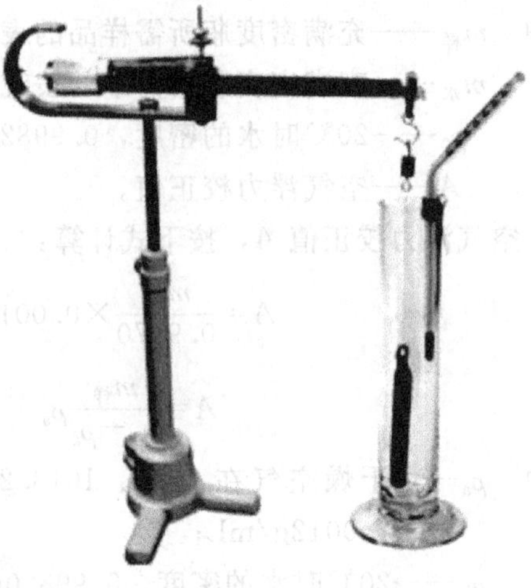

图1-23　韦氏天平示意图

1—指针；2—横梁；3—刀口；4—骑码；5—小钩；6—调节器；
7—支架；8—调整螺丝；9—细铂丝；10—浮锤；11—玻璃筒

三、测定步骤

1. 韦氏天平检查

检查天平各部件是否完好无损，骑码是否齐全。

2. 安装

将韦氏天平支柱置于稳固的桌面上，旋松支柱紧定螺丝，安放托架至适当高度，旋紧螺丝（此时水平调节螺丝应与托架上下在同一平面）；将天平横梁置于玛瑙刀座上，横梁右端刀口挂上钩环，将浮锤用细铂丝悬于天平横梁末端，并调整底座上的螺丝，使横梁与支架的指针尖相互对正。

3. 蒸馏水测定

将浮锤全部浸入盛有经煮沸并冷却至20℃左右水的玻璃筒中，不得带入气泡，玻璃筒置于恒温水浴中，恒温至（20.0±0.1)℃，然后由大到小将骑码加到天平横梁的V形槽上，调整天平骑码使指针重新对正，记录读数。

4. 试样测定

将浮锤取出，使其完全干燥，在相同温度下，用样品代替水重复步骤3的操作。

5. 结果计算

样品的密度ρ用“g/mL”表示：

$$\rho=\frac{m_{样}}{m_{水}}\times 0.99820$$

式中　$m_{样}$——浮锤浸于样品中时骑码的读数；

　　　$m_{水}$——浮锤浸于水中时骑码的读数。

四、说明和注意事项

① 韦氏天平备有与浮锤等重的金属锤，在安装天平时，可代替浮锤调节天平平衡。取下等重金属锤，换上浮锤，天平应保持平衡。

② 取用浮锤时必须十分小心。浮锤放入玻璃筒中不得碰壁，必须悬挂于水和试样中，其浸入同一高度。

③ 天平横梁 V 形槽同一位置，若需放两个骑码时，要将小骑码放在大骑码的脚钩上。

④ 韦氏天平调节平衡后，在测定过程中，不得移动位置；不得松动任意螺丝。否则需重新调节平衡后，方可测定。

⑤ 注意严格控制温度为（20±0.1)℃，平行测定其结果误差应小于 0.0005。

五、考核评价

项目	序号	考核内容	分值	得分
选择仪器、试剂	1	韦氏天平	5	
	2	20℃恒温三级蒸馏水	5	
	3	超级恒温水浴使用	5	
韦氏天平安装、测定	4	组装韦氏天平	5	
	5	调整底座上的螺丝，使横梁与支架的指针相互对正	5	
	6	浮锤玻璃桶	5	
	7	调整天平骑码	5	
	8	读数	5	
	9	计算	5	
团队协作	10	分工明确，各尽其职	3	
	11	仪器清点完好，台面整洁	2	
考核结果				

【知识链接】

一、密度的测定

物质的密度指在规定温度 t（℃）时单位体积所含物质的质量，以 ρ_t 表示，单位为 g/cm^3 或 g/mL。

$$\rho_t=\frac{m}{V}$$

由于物质具有热胀冷缩的性质，密度会随温度的改变而改变，因此密度应标示出测定时物质的温度，表示为 ρ_t。国家标准规定化学试剂的密度系指在 20℃时单位体积物质的质量，用 ρ 表示。在其他温度时，则必须在 ρ 的右下角注明温度。

在一般的分析工作中通常只限于测量液体试样的密度而很少测量固体试样的密度。

密度是物质的重要物理常数之一。如果物质中含有杂质，密度也随着改变，根据密度测定可以确定有机化合物的纯度。所以，密度是液体有机产品质量控制指标之一。

在油田开采和储运中，由油品的密度和储罐体积可求出油品的数量及产量。原油密度数值也是评价油质的重要指标，所以，密度测定被称为油品分析的关键。

已知有机酸、乙醇、蔗糖等水溶液浓度和密度的对应关系并制成表格，通过测定密度就可以由表格查出其对应的浓度。国家标准中工业乙醇含量就是通过测定密度查表得到的。

二、密度瓶法测定密度

密度瓶有各种形状和规格，常用的密度瓶容量为 25mL、10mL、5mL，一般为球形，比较标准的是附有特制温度计、带磨口帽的小支管的密度瓶。

测定原理：20℃时分别测定充满同一密度瓶的水及试样的质量，由水的质量可确定密度瓶的容积即试样的体积，根据试样的质量及体积即可求其密度。

试样密度 ρ 按下式计算。

$$\rho=\frac{m}{V}$$

又

$$V=\frac{m_{水}}{\rho_0}$$

则

$$\rho=\frac{m_{样}}{m_{水}}\rho_0$$

式中 $m_{样}$——20℃时充满密度瓶的试样表观质量，g；

$m_{水}$——20℃时充满密度瓶的蒸馏水表现质量，g；

ρ_0——20℃蒸馏水的密度，$\rho_0=0.99820\text{g/cm}^3$。

称量不是在真空中进行。因此受到空气的浮力影响，实践证明，浮力校正仅影响测量结果（四位有效数字）的最后一位，因此通常情况可以不必校正。

测量时注意每次装入液体，必须使瓶中充满，不要有气泡留在瓶内。称量需迅速进行，特别是温度过高时，否则液体会从毛细管溢出，而且会有水汽在瓶壁凝结导致称量不准确。要求平行测定两次结果差值小于 0.0005，取其平均值。

密度瓶使用前要对所附温度计、空瓶重、水重三者按要求进行严格标定，符合要求的才能使用。由于密度瓶反复使用后易损坏和结垢，因此，在每一次使用时都要进行外观检查，是否破损（特别是支管和瓶口部位），内外壁是否干净、干燥，特别是小帽子的内部。此外，密度瓶使用一段时间后要用酸性洗液浸泡清洗，并定期标定一般连续使用两个月左右。

确保恒温称重，禁止用手捂或放在室内自然升温，以免使密度瓶内溶液受热不均，产生较大误差。

密度瓶法比密度计法准确，一般以密度瓶法作为仲裁分析方法。密度瓶法不适宜测定易挥发液体密度。

三、韦氏天平法测定密度

韦氏天平法比较简便、快速，但准确度较密度瓶法差，适用于挥发液体密度的测定，适用于工业生产上大量液体密度的测定。

1. 测定原理

依据阿基米德原理，当物体全部浸入液体时，物体所减轻的质量，等于物体所排开液体的质量。因此，20℃时，分别测量同一物体在水及试样中的浮力。由于浮锤排开水和试样的体积相同，所以，根据水的密度和浮锤在水及试样中的浮力即可算出试样的密度。

浮锤排开水或试样的体积相等。

$$\frac{m_{水}}{\rho_0}=\frac{m_{样}}{\rho}$$

试样的密度

$$\rho=\frac{m_{样}}{m_{水}}\rho_0$$

式中 ρ——试样在 20℃时的密度，g/cm³；

$m_{样}$——浮锤浮于试样中时的浮力（骑码）读数，g；

$m_{水}$——浮锤浮于水时的浮力（骑码）读数，g；

ρ_0——20℃蒸馏水的密度，ρ_0＝0.99820g/cm^3。

2. 韦氏天平结构

天平横梁用托架支持在刀座上，梁的两臂形状不同且不等长，长臂上刻有分度，末端有悬挂玻璃浮锤的钩环，短臂末端有指针，当两臂平衡时，指针应和固定指针对正。旋松支柱紧定螺丝，支柱可上下移动。水平调整螺钉，用于调节天平在空气中的平衡。

每台天平有两组骑码，每组有大小不同的 4 个，与天平配套使用。最大骑码的质量等于玻璃浮锤在 20℃水中所排开水的质量。其他骑码各为最大骑码的 1/10、1/100、1/1000。4 个骑码在各个位置的读数如图 1-24 所示。

分别测定玻璃浮锤在水及试样中的浮力，读数如图 1-25 所示。根据水的密度，即可算出试样的密度。其读数精度能达到小数点后第四位。

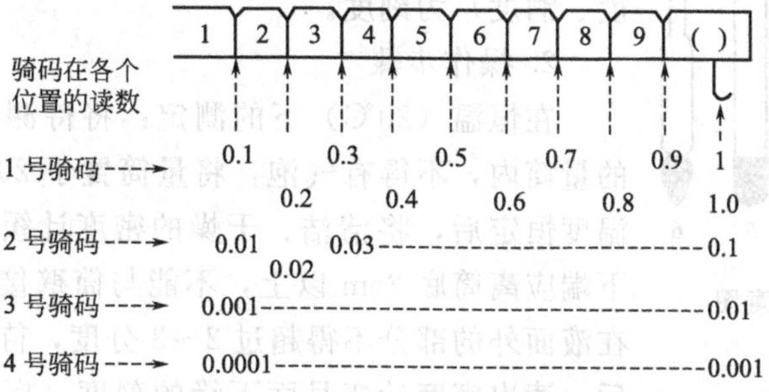

图 1-24　韦氏天平各骑码位置的读数

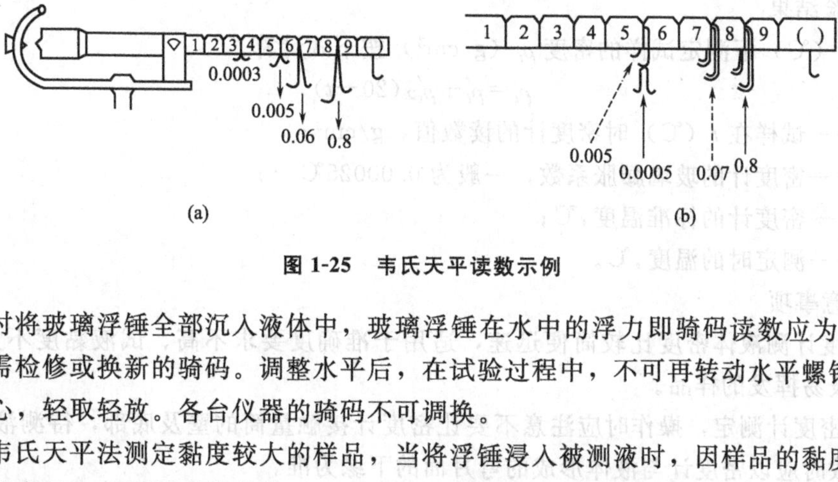

图 1-25　韦氏天平读数示例

测定时将玻璃浮锤全部沉入液体中，玻璃浮锤在水中的浮力即骑码读数应为±0.0004，否则天平需检修或换新的骑码。调整水平后，在试验过程中，不可再转动水平螺钉。取用浮锤必须小心，轻取轻放。各台仪器的骑码不可调换。

应用韦氏天平法测定黏度较大的样品，当将浮锤浸入被测液时，因样品的黏度较大、流动性差、阻力极大，浮锤不易自然下坠，而在调节游码的数量和位置时，天平亦不易平衡，往往会因阻力过大使浮锤在被测液中不易上下移动或是接触到圆筒的内壁而造成平衡的假象，使测定结果有所偏差，重复性差。

韦氏天平法适用于**挥发液体密度的测定**。

四、密度计法测定密度

1. 方法概要

密度计法是测定液体密度最便捷而又实用的方法，但是准确度不如密度瓶法。

密度计法测定原理：按阿基米德原理工作。密度计放入被测液体中，密度计总质量等于它排开液体的质量。密度计的质量为定值，所以被测液体的密度越大、浮力越大，密度计浸入液体中的体积就越小。按照密度计浮在液体中的位置高低，求得液体密度的大小。由密度计在被测液体中达到平衡状态时所浸没的深度读出该液体的密度。在密度计的上管直接刻上密度或读数，并由几支规格不同的密度计组成套。

密度计种类多，精度、用途和分类方法各不相同，如图 1-26 所示，常用的有标准密度计、酒精计、海水密度计、石油密度计、糖度计和波美密度计等。

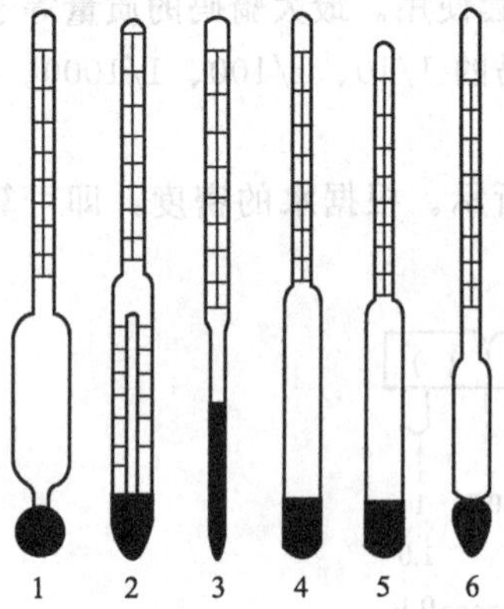

图 1-26　密度计示意图

1，2—糖锤度计；

3，4—波美密度计；

5—酒精计；6—乳稠计

密度计是一支封口的玻璃管，中间部分较粗，内有空气，放在液体中，可以浮起。下部装有小铅粒形成重锤，使密度计直立于液体中。上部较细，管内有刻度标尺，可以直接读出密度值。有的密度计的刻度标尺上同时有以波美度（°Bé）为计量单位的刻度，有的则以特殊要求的计量单位（例如糖度、酒度）为刻度。

2. 操作步骤

在恒温（20℃）下的测定：将待测试样注入清洁、干燥的量筒内，不得有气泡，将量筒置于 20℃的恒温水浴中，待温度恒定后，将清洁、干燥的密度计缓缓地放入试样中，其下端应离筒底 2cm 以上，不能与筒壁接触，密度计的上端露在液面外的部分不得超过 2～3 分度，待密度计在试样中稳定后，读出密度计弯月面下缘的刻度（标有读弯月面上缘刻度的密度计除外），即为 20℃试样的密度。

3. 试验结果

常温 t（℃）下测定试样的密度 ρ_t（g/cm^3）按下式计算。

$$\rho_t = \rho_t' + \rho_t'\alpha(20 - t)$$

式中　ρ_t'——试样在 t（℃）时密度计的读数值，g/cm^3；

α——密度计的玻璃膨胀系数，一般为 0.00025℃$^{-1}$；

20——密度计的标准温度，℃；

t——测定时的温度，℃。

4. 注意事项

① 密度计测液体密度比较简便迅速，适用于准确度要求不高、试液黏度不大的样品，不适用于极易挥发的样品。

② 用密度计测定，操作时应注意不要让密度计接触量筒的壁及底部，待测液中不得有气泡，读数时应以密度计与液体形成的弯月面的下缘为准。

③ 用手拿着密度计上端慢慢放入溶液中，不可突然坠入，以免影响读数的准确或打破密度计，量筒中的溶液量必须足以保证密度计能浮起。

④ 如密度计本身不带温度计，则恒温时需另用温度计测量液体的温度。

五、恒温槽及其使用

（一）恒温槽结构

恒温槽由浴槽、加热器、搅拌器、接点温度计、继电器和温度计等部件组成。

1. 浴槽和恒温介质

超级恒温槽浴槽为金属筒，并用玻璃纤维保温。恒温温度在 100℃以下大多采用水浴。恒温在 50℃以上的水浴面上可加一层石蜡油，超过 100℃的恒温用甘油、液体石蜡等作恒温介质。

2. 指示温度计

指示恒温槽内的实际温度。

3. 加热器

常用的是电阻丝加热圈。其功率一般在1kW左右。为改善控温、恒温的灵敏度，组装的恒温槽可用调压变压器改变炉丝的加热功率。

4. 搅拌器

搅拌器的作用是使介质能上下左右充分混合均匀，即使介质各处温度均匀。

5. 接点温度计

又称水银定温计，它是恒温槽的感温元件，用于控制恒温槽所要求的温度。

6. 继电器

继电器与接点温度计、加热器配合作用，才能使恒温槽的温度得到控制，当恒温槽中的介质为达到所需要控制的温度时，插在恒温槽中的接点温度计水银柱与上铂丝是断离的，这一信息送给继电器，继电器打开加热器开关，此时继电器红灯亮表示加热器正在加热，恒温槽中介质温度上升，当水温升到所需控制温度时，水银柱与上铂丝接触，这一信号送给继电器，它将加热器开关关掉，此时继电器绿灯亮，表示停止加热。水温由于向周围散热而下降，接点温度计水银柱又与上铂丝断离，继电器又重复前一动作，使加热器继续加热。如此反复进行，使恒温槽内水温自动控制在所需要温度范围内。

7. 恒温槽的灵敏度

恒温槽的控温有一个波动范围反映恒温槽的灵敏程度。不同类型的恒温槽，灵敏度不同。恒温槽中恒温介质的温度不是一个恒定值，只能恒定在某一温度范围内，所以恒温槽温度的正确表示应是一个恒定的温度范围，如（50±0.1）℃。

（二）501型超级恒温槽的使用

恒温槽装置如图1-27所示。

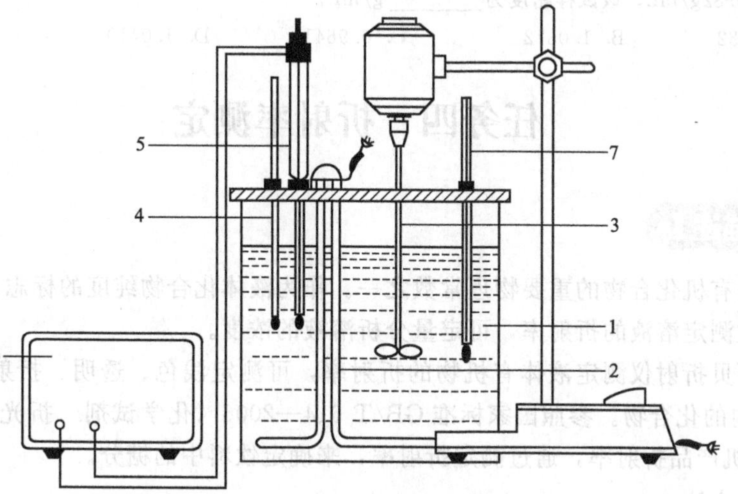

图1-27　恒温槽装置图

1—浴槽；2—加热器；3—搅拌器；4—温度计；
5—感温元件；6—恒温控制器；7—贝克曼温度计

① 501型超级恒温槽附有电动循环泵。可外接使用，将恒温水压到待测体系的水浴槽

中。还有一对冷凝水管，控制冷水的流量可以起到辅助恒温作用。

② 使用时首先连好电路，用橡胶管将水泵进出口与待测体系水域相连，若不需要将恒温水外接，可将泵的进出口用短橡胶管连接起来。注入纯水至离盖板 3cm 处。

③ 旋松接点温度计调节帽上的固定螺丝，旋转调节帽，使指示标线上端调到低于所需温度 1～2℃，再旋紧固定螺丝。

④ 接通总电源，打开“加热”和“搅拌”开关。此时加热器、搅拌器及循环泵开始工作，水温逐渐上升。槽温逐渐升至所需温度，继电器红绿灯交替变换。

能力测评

1. 国家标准规定密度在________℃恒温测定，使用的实验室用水________级标准。
2. 密度测定，仲裁分析采用（　　）。
   A. 密度瓶法　B. 韦氏天平法　C. 密度计法　D. 称量法
3. 密度瓶法测定试样密度时，蒸馏水装入密度瓶中有气泡，试样密度测定结果（　　）。
   A. 偏高　B. 偏低　C. 无法确定
4. 浮锤的金属丝折断后应用________重新连接。
   A. 用任何金属丝　B. 铂丝　C. 相同的金属丝　D. 细线
5. 测定挥发性液体产品的密度，应该采用（　　）。
   A. 密度瓶法　B. 韦氏天平法　C. 密度计法　D. 称量法
6. 加骑码使天平保持平衡的顺序应（　　）
   A. 大小骑码加入顺序无关　B. 先加小骑码，后加大骑码
   C. 先加大骑码，后加小骑码　D. 大小骑码同时加入
7. 韦氏天平有________级骑码，其最小读数可精确到________
   A. 三级 0.0001　B. 四级 0.0001　C. 五级 0.0001　D. 四级 0.001
8. 用密度瓶法测定密度时，20℃纯水质量为 50.2506g，试样质量为 48.3600g，已知 20℃时纯水的密度为 0.9982g/mL，该试样密度为________ g/mL。
   A. 0.9982　B. 1.0372　C. 0.9641　D. 1.0410

任务四　折射率测定

【任务描述】

折射率是有机化合物的重要物理常数之一。作为液体化合物纯度的标志，折射率比沸点更可靠。通过测定溶液的折射率，可定量分析溶液的浓度。

通常用阿贝折射仪测定液体有机物的折射率，可测定浅色、透明、折射率在 1.3000～1.7000 范围内的化合物。参照国家标准 GB/T 614—2006《化学试剂　折光率[1]测定通用方法》，测定有机产品折射率，通过测定折射率，来确定饮料中的糖分。

一、试验方法

1. 适用条件

规定了用阿贝折射仪测定液体有机试剂折射率的通用方法。

---

[1] 现折光率称为折射率。

适用于浅色、透明、折射率范围在 1.3000～1.7000 的液体有机试剂的测定。

2. 一般规定

实验用水应符合二级水规格。

3. 术语和定义

折射率：在钠光谱 D 线、20℃的条件下，空气中的光速与被测物中的光速的比值或光自空气通过被测物时的入射角的正弦与折射角的正弦的比值。

4. 方法原理

当光从折射率为 n 的被测物质进入折射率为 N 的棱镜时，入射角为 i，折射角为 r，则：

$$\frac{\sin i}{\sin r}=\frac{N}{n}$$

在阿贝折射仪中，入射角 $i=90°$，代入上式得：

$$\frac{1}{\sin r}=\frac{N}{n}$$

$$n=N\sin r$$

棱镜的折射率 N 为已知值，则通过测量折射角 r 即可求出被测物质的折射率 n。

二、仪器试剂

实验用阿贝折射仪如图 1-28 所示。

阿贝折射仪

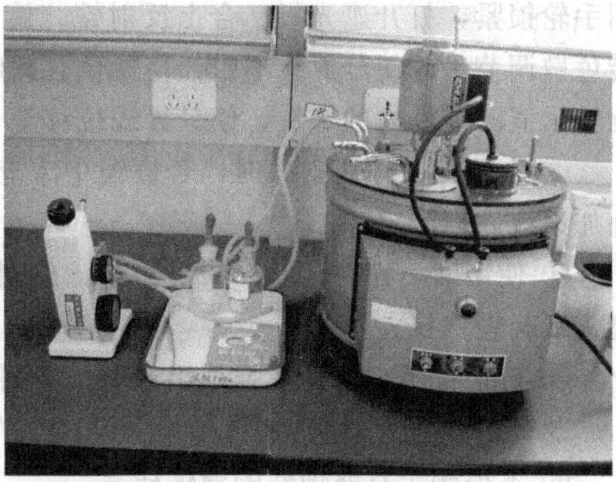

恒温水浴及循环泵应能向棱镜提供温度为(20.0±0.1)℃的循环水

图 1-28　阿贝折射仪

三、测定步骤

1. 准备工作

放置折射仪于光线充足的位置，将恒温水浴与棱镜连接，调节恒温水浴温度，使棱镜温度保持在（20.0±0.1)℃。清洗棱镜表面，可用乙醇、乙醚或乙醇和乙醚的混合液清洗，再用镜头纸或医药棉将溶剂吸干。

2. 校正

用二级水或溴代萘标准样品校正阿贝折射仪。二级水的折射率 $n_D^{20}=1.3330$。

3. 测定

重新清洗、擦干棱镜表面，用滴管向棱镜表面滴加数滴 20℃左右的样品，立即闭合棱镜并旋紧，应使样品均匀、无气泡并充满视场，待棱镜温度计读数恢复到（20.0±0.1）℃。调整反光镜，调节目镜视度，使十字线成像清晰，旋转折射率刻度调节手轮使视场中出现明暗界限，同时旋转色散棱镜手轮，使界限处所呈彩色完全消失，再旋刻度调节手轮使明暗界限在十字线中心，观察读数镜视场右边所指示的刻度值，即为所测折射率值，估读至小数点后第四位，如图 1-29 所示。

重复测定三次，读数间差数不得大于 0.0003，所得读数平均值即为试样的折射率。

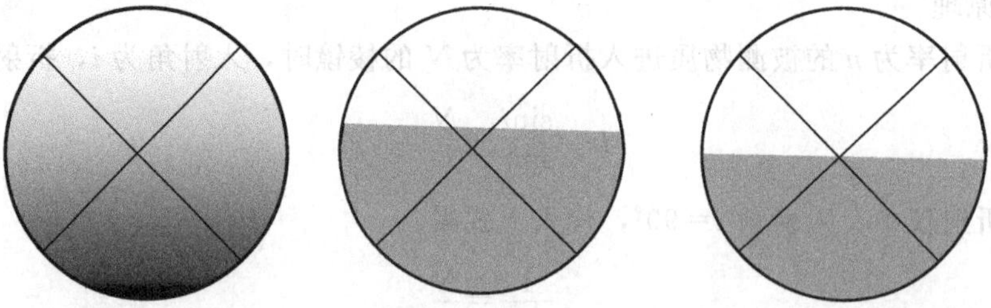

未调节右边旋扭前在右边目镜看到的图像，此时颜色是散的　　调节右边旋扭直到出现有明显的分界线为止　　调节左边旋扭使分界线经过交叉点为止并在左边目镜中读数

图 1-29　调节过程图像

四、技术关键

① 用二次蒸馏水校正折射仪，将二次蒸馏水用滴管加在折光棱镜表面，盖上进光棱镜，用手轮锁紧，打开遮光板。合上反射镜，旋转刻度调节手轮至刻度盘读数值为 1.3330。旋转色散调节手轮使分界线不带任何彩色。此时若分界线不在十字线的中心，则用螺丝刀轻微旋转示值调节器内的螺钉，使分界线位移至十字线中心。校正结束。

② 在测定液体折射率时，若棱镜中未充满试液，则目镜中看不清明暗分界线，此时应补加试液后再测定。

③ 使用时一定要注意保护棱镜组，绝对禁止与玻璃管尖端等硬物相碰；擦拭时必须用镜头纸轻轻擦拭。

④ 折射仪不宜暴露在强烈阳光下。不用时应放回原配木箱内，置阴凉处。

⑤ 若液体折射率不在 1.3000～1.7000 范围内，则阿贝折射仪不能测定。

⑥ 不得测定有腐蚀性的液体样品。

五、考核评价

项目	序号	考核内容	分值	得分
选择仪器、试剂	1	折射仪	5	
	2	20℃恒温二级蒸馏水	5	
	3	超级恒温水浴使用	5	
折射仪安装、测定	4	连接折射仪与超级恒温水浴	5	
	5	用丙酮清洗镜面，擦拭	5	
	6	二级蒸馏水校正折射率 1.3330	5	
	7	调节手轮，使视场出现明暗界线	5	
	8	色散调节（旋转色散棱镜）	5	
	9	读数（估读至小数点后四位）	5	
团队协作	10	分工明确，各尽其职	3	
	11	仪器清点完好，台面整洁	2	
考核结果				

【知识链接】

折射率是有机化合物的重要物理常数之一，作为液体化合物纯度的标志，它比沸点更可靠。

一、方法原理

如果把一只玻璃棒倾斜放入盛水的烧杯中，会发现玻璃棒在液面处好像被弯折了，这是由于光线从空气进入水中时传播速度改变而产生的折射现象造成的视觉感觉。当单色光从一种介质进入另一种介质时，设 i 为入射角，r 为折射角，如图 1-30 所示。把光线在空气中的速度与待测介质中速度之比值，或光自空气通过待测介质时的入射角正弦与折射角的正弦之比值定义为折射率，用公式表示为：

$$n=\frac{v_1}{v_2}=\frac{\sin i}{\sin r}$$

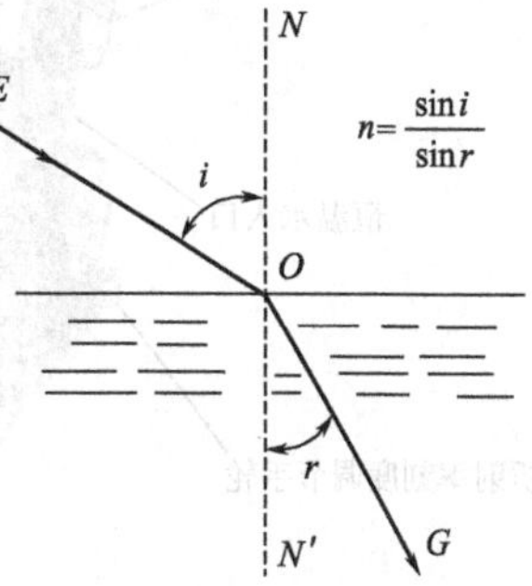

图 1-30 光的折射

某一特定介质的折射率随测定时的温度和入射光的波长不同而改变。随温度的升高，物质的折射率降低，入射光波长愈长，测得的折射率愈小。

实际应用中，以 20℃为标准温度，以黄色钠光（$\lambda=589.3$nm）为标准光源。折射率用符号 n_D^{20} 表示。例如水的折射率：$n_D^{20}=1.3330$；苯的折射率：$n_D^{20}=1.5011$。由于光在空气中的传播速度最快，因此，任何物质的折射率都大于 1。

在分析工作中，一般是测定在室温下为液体的物质或低熔点的固体物质的折射率，用阿贝折射仪测量，操作简便，在数分钟内即可测完。

二、阿贝折射仪的工作原理和构造

阿贝折射仪是根据临界折射现象设计的。将被测液置于折射率为 N 的测量棱镜的镜面上，光线由被测液射入棱镜时，入射角为 i，折射角为 r，根据折射定律

$$\frac{\sin i}{\sin r}=\frac{N}{n}$$

在阿贝折射仪中，入射角 $i=90°$，其折射角为临界折射角 r_c，代入上式得：

$$\frac{1}{\sin r_c}=\frac{N}{n}$$

或

$$n=N\sin r_c$$

棱镜的折射率 N 为已知值，因此阿贝折射仪工作原理是利用测定临界角以求得样品溶液的折射率。

阿贝折射仪结构见图 1-31，仪器的主要部件是由两块直角棱镜组成的棱镜组，见图 1-32。下面一块是可以启闭的辅助棱镜 ABC，且 AC 为磨砂面，当两块棱镜相互压紧时，放入其间的液体被压成一层薄膜。入射光由辅助棱镜射入，当达到 AC 面上时，发生漫射，漫射光线透过液层而从各个方向进入主棱镜并产生折射，而且折射角都落在临界角 r_c 之内。由于大于临界角的光被反射，不可能进入主棱镜，所以在主棱镜上面望远镜的目镜视野中出现明暗两个区域。转动棱镜组转轮手轮，调节棱镜组的角度，直至视野里明暗分界线与十字

线的交叉点重合为止，如图 1-33（b）所示。

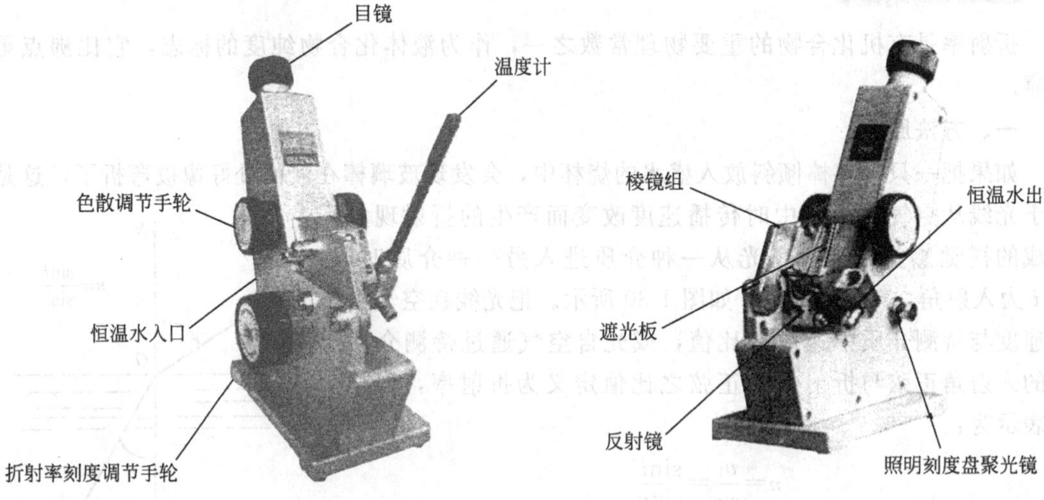

图 1-31 阿贝折射仪

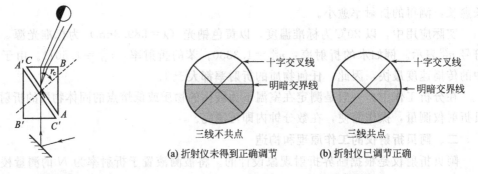

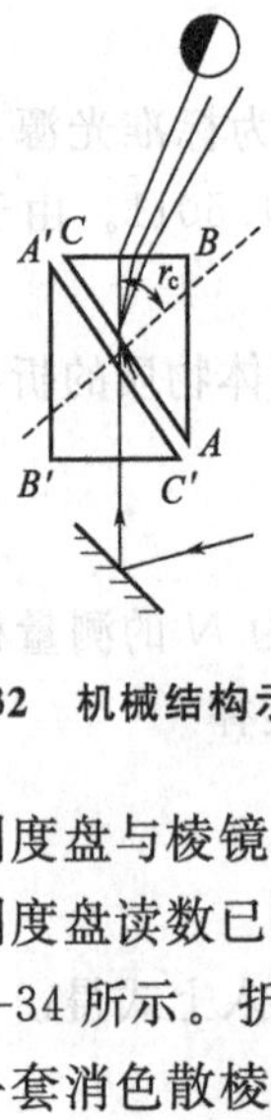

图 1-32 机械结构示意图

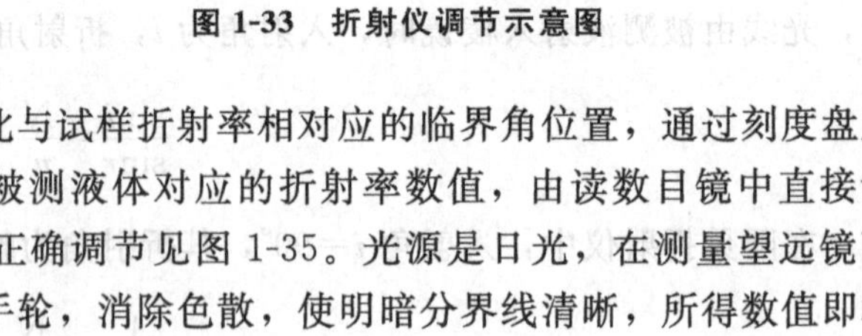

图 1-33 折射仪调节示意图

由于刻度盘与棱镜组是同轴的，因此与试样折射率相对应的临界角位置，通过刻度盘反映出来，刻度盘读数已将此角度换算为被测液体对应的折射率数值，由读数目镜中直接读出，如图 1-34 所示。折射仪色散未得到正确调节见图 1-35。光源是日光，在测量望远镜下面设计了一套消色散棱镜，旋转消色散手轮，消除色散，使明暗分界线清晰，所得数值即相当于使用钠光 D 线的折射率。

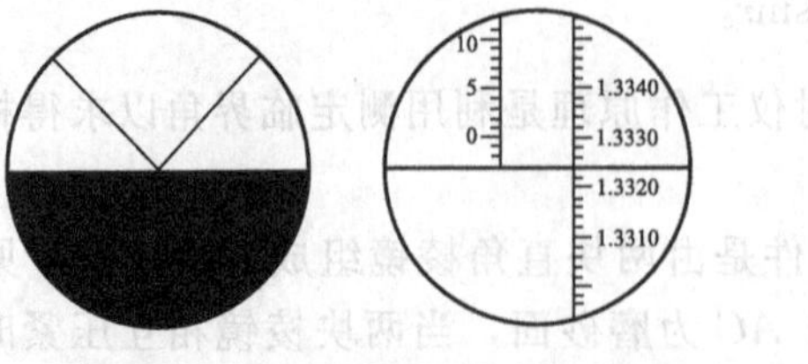

图 1-34 目镜视野和读数

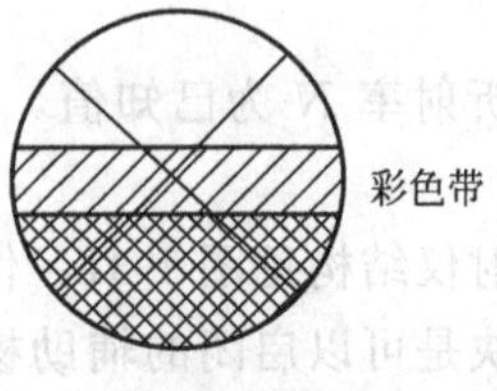

图 1-35 折射仪色散未得到正确调节

阿贝折射仪的两棱镜，嵌在保温套中并附有温度计（分度值为 0.1℃）测定时必须使用超级恒温槽通入恒温水，使温度变化的幅度<±0.1℃，最好恒温在 20℃时进行测定。

在阿贝折射仪的望远镜目镜的金属筒上，有一个供校准仪器用的示值调节螺钉，通常用纯水或标准玻璃校准。校正时将刻度值置于折射率的正确值上（如 $n_D^{20}=1.3330$），此时清晰的明暗分界线应与十字叉丝重合，若有偏差，可调节示值调节螺钉，直至明暗线恰好移至十字叉丝的交点上。表 1-7 列出水在不同温度下的 n_D^t 值。

表 1-7　水在不同温度下的 n_D^t 值

温度/℃	n_D^t	温度/℃	n_D^t	温度/℃	n_D^t
10	1.33371	17	1.33324	24	1.33263
11	1.33363	18	1.33316	25	1.33253
12	1.33359	19	1.33307	26	1.33242
13	1.33353	20	1.33299	27	1.33231
14	1.33346	21	1.33290	28	1.3320
15	1.33339	22	1.33281	29	1.33208
16	1.33332	23	1.33272	30	1.33196

三、折射率测定法的应用

1. 定性鉴定

折射率一般能测出五位有效数字，有时能测到六位有效数字，因此，它是物质的一个非常精确的物理常数，故可用于定性鉴定。特别是对于那些沸点很接近的同分异构体更为合适。例如二甲苯的三种异构体，见表 1-8 为二甲苯三种异构体的沸点和折射率，由于它们的沸点很接近，仅仅依据沸点就不易鉴别它们，但是可以通过测定折射率加以鉴定。

表 1-8　二甲苯的三种异构体的沸点和折射率

异构体	沸点/℃	折射率 n_D^{20}
邻二甲苯	144.4	1.5054
间二甲苯	139.1	1.4972
对二甲苯	138.3	1.4958

在进行分馏时，根据各个馏分的折射率，可以将沸点接近的组分分离；也可以判断原来试样是混合物还是单纯物。但是应当注意：存在于试样中即使是很少量的杂质也是敏感的，除非该物质经过反复提纯，否则通常不可能重复手册或文献中所示的最后两位数。

在工业生产中，液体药物、试剂、油脂、合成原料或中间体的定性鉴别项中，常列有折射率一项。表 1-9 列出了一些挥发油、油脂、化学试剂的折射率。

表 1-9　一些挥发油、油脂、化学试剂的折射率

物　质	折射率 n_D^{20}	物　质	折射率 n_D^{20}
茴香油	1.5530～1.5600	菜籽油	1.4710～1.4755
苦杏仁油	1.5410～1.5442	柠檬油	1.4240～1.4755
桂皮油	1.6020～1.6135	乙酸乙酯	1.3725～1.3745
丁香油	1.5300～1.5350	水杨酸甲酯	1.5350～1.5380
大豆油	1.4735～1.4775	桂皮醛	1.6180～1.6230
花生油	1.4695～1.4720		

2. 测定化合物的纯度

折射率作为纯度的标志比沸点更为可靠，将实验测得的折射率与文献所记载的纯物质的折射率作对比，可用来衡量试样纯度。试样的实测折射率愈接近文献值，纯度就愈高。例如炼油厂重整车间所生产的芳烃，是通过测定芳烃折射率来确定芳烃的纯度。折射率大说明芳烃含量高（n_D^{20}＝1.5000 时芳烃含量最高），非芳烃损失小。某厂车间工艺指标规定：芳烃 n_D^{20}＞1.4970；非芳烃 n_D^{20}＜1.3920，按此指标进行生产控制。所以折射率的测定在中间产品控制和成品分析中有重要的作用。

3. 测定溶液的浓度

一些溶液的折射率随其浓度而变化。溶液浓度愈高，折射率愈大，可以借测定溶液的折射率，根据溶液浓度与折射率之间的关系，求出溶液的浓度，这是一个快速而简便的方法，因此常用于工业生产中间体溶液控制、药房中的快速检验等。

不是所有溶液的折射率都随浓度有显著的变化，只有在溶质与溶剂各自的折射率有较大差别时，折射率与浓度之间的变化关系才明显。若溶液浓度变化而折射率并无明显变化时，借折射率测定溶液浓度，误差一定很大。因此应用折射率测定溶液浓度的方法是有一定限制的。通常不一定知道溶质的折射率，但可以通过实测一定浓度溶液的折射率看出折射率随浓度变化的关系是否明显。另外，较稀的溶液，折射率与溶剂的折射率之间相差不大，用折射率法测定浓度误差也会较大。

溶液浓度的测定有以下两种方法。

① 直接测定法　主要用于糖溶液的测定。用 WZS-1 型阿贝折射仪可直接读出被测糖溶液的浓度。在制糖工业生产中，将光影式工业折射仪直接装在制糖罐上，就能连续测定罐内糖液的浓度。

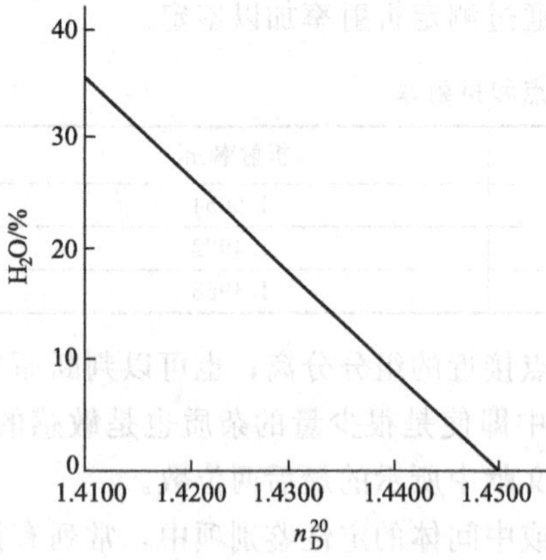

图 1-36　含水量与 n_D^{20} 关系曲线

② 工作曲线法　测定一系列已知浓度某溶液的折射率，将所得的折射率与相应的浓度作图，绘制折射率-浓度曲线（多数情况为一直线，也有的是曲线）。测得待测液的折射率，从曲线上查出相应的浓度。例如，某厂用有机溶剂二乙二醇醚萃取油中的芳烃，为了将萃取出来的芳烃与醚分离，则需加水萃取此醚，而后将醚中水分除去，使昂贵的二乙二醇醚得到回收再用。醚中含水量的测定是通过测定试样折射率来完成的。首先配制标样，测出折射率与二乙二醇醚含水量（百分数）的坐标关系，并作工作曲线，如图 1-36 所示。测得规定温度下试样的折射率 n_D^{20}，从曲线上查出醚中相应的含水量。此法简单快速。

能力测评

1. 20℃时纯水的折射率为________，用________符号表示。
2. 测定液体的折射率时，在目镜中应调节观察到________图像时才能读数。
3. 折射率的测定适用于________液体产品。
   A. 挥发性　B. 透明的　C. 浑浊的　D. 碱性的
4. 下列叙述错误的是________。
   A. 折射率作为纯度的标志比沸点更可靠　B. 阿贝折射仪是根据临界折射现象设计的
   C. 阿贝折射仪的测定范围在 1.3～1.8　D. 折光分析法可直接测定糖溶液的浓度
5. 有机物的折射率随温度的升高而减少（　）。
6. 沸点和折射率是检验液体有机化合物纯度的标志之一（　）。

任务五 比旋光度测定

【任务描述】

比旋光度用来量度物质的旋光能力，是旋光性物质的物理特性常数。通过旋光度和比旋光度的测定，可以定性鉴别旋光物质，检验旋光物质纯度，测定溶液的浓度。

参照国家标准 GB/T 613—2007《比旋光度测定方法》测定物质的比旋光度，鉴别葡萄糖与蔗糖，测定医用葡萄糖注射液的浓度。

一、方法概述

1. 范围

用旋光仪测定化学试剂比旋光度的通用方法。

适用于化学试剂比旋光度的测定。

2. 比旋光度

在液层长度为 1dm、浓度为 1g/mL、温度为 20℃及用钠光谱 D 线（589.3nm）波长测定时的旋光度。单位为度平方米每千克 [（°）·m^2/kg]。

3. 方法原理

从起偏镜透射出的偏振光经过样品时，由于样品物质的旋光作用，使其振动方向改变了一定的角度 α，将检偏器旋转一定角度，使透过的光强相等，该角度即为样品的旋光角。

二、仪器

① 自动旋光仪，见图 1-37。

② 容量瓶 100mL。

③ 恒温水浴 浴温（20±0.5）℃。

图 1-37 旋光仪

三、试剂与试样

1. 氨水（浓）。

2. 葡萄糖溶液

准确称取 5g（准至小数点四位）葡萄糖于 150mL 烧杯中，加 50mL 水和 0.2mL 浓氨水溶解，放置 30min 后，将溶液转入 100mL 容量瓶中，以水稀释至刻度。然后将容量瓶放入（20±0.5）℃的恒温水浴中恒温。

四、测定

1. 预热

开始测量前，将旋光仪接于 220V 交流电源。开启仪器电源开关，预热 5～10min，直至钠光灯已充分受热。

2. 旋光仪零点的校正

旋光仪如图 1-37 所示。

在测定样品前，必须先校正旋光仪零点。洗净旋光管，然后注满（20±0.5）℃的蒸馏水，装上橡皮圈，旋紧螺帽，直至不漏水为止，把旋光管内的气泡排至旋光管的凸出部分。将旋光管放入镜筒内，调节目镜使视场明亮清晰，然后轻轻缓慢地转动刻度转动手轮，使刻度盘在零点附近，以顺时针或逆时针方向转动至视场三部分亮度一致。

视场亮度一致的判断：当视场亮度一致时，轻微旋动刻度盘视场出现图 1-38（a）或图 1-38（c）的图像，轻微向左或向右旋至图 1-38（b）即视场亮度一致。

记下刻度盘读数，准至 0.05；刻度盘以顺时针方向转动为右旋，读数记为正数；刻度盘以逆时针方向转动为左旋，读数记为负数，数值等于 180 减去刻度盘读数值。重复操作记录三次，取平均值作为零点。校正值为 α_0。

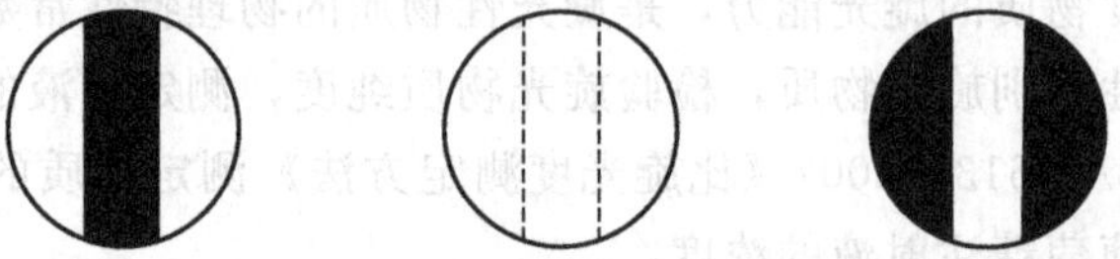

(a) 视场中间暗两边亮　(b) 视场亮度一致　(c) 视场中间亮两边暗

图 1-38　旋光仪视场

3. 旋光度的测定

将旋光管中的水倾出，用试样液润洗两遍旋光管，然后注满（20±0.5)℃的试样液，小心排出气泡，将盖旋紧后，用绒布擦净溢出管外的试样液，将旋光管放入镜筒内，转动刻度盘转动手轮，使刻度以顺时针方向缓缓转动至视场三部分亮度一致，记下刻度盘读数，精准至 0.05；再旋转刻度盘转动手轮，使视场明暗分界后，再旋至视场三部分亮度一致；如此重复操作记录三次，取平均值作为旋光度读数值 α_1。

试样旋光度　$\alpha=\alpha_1-\alpha_0$

根据实验结果计算试样的比旋光度。

4. 比旋光度计算

比旋光度以 $[\alpha]_D^{20}$ 表示，单位以“（°）·m^2/kg”表示：

纯液体的比旋光度　$$[\alpha]_D^{20}=\frac{\alpha}{l\rho_a}$$

溶液的比旋光度　$$[\alpha]_D^{20}=\frac{100\alpha}{lc}$$

式中　α——测得的旋光角，(°)；

l——旋光管的长度，dm；

c——100mL 溶液中含旋光活性物质的量，g；

ρ_a——液体在 20℃的密度，g/mL。

五、技术关键

① 无论是校正零点还是测定试样，旋转刻度盘必须极其缓慢，才能观察到视场亮度的变化。

② 旋光仪采用双游标读数，以消除度盘的偏心差；试盘分 360 格，每格为 1°，游标分 20 格，等于度盘的 19 格，用游标直接读数到 0.05°。

③ 因葡萄糖为右旋性物质，故以顺时针方向旋转刻度盘，如未知试样的旋光性，应先确定其旋光性方向后，再进行测定。

④ 试样液必须清晰透明，如出现浑浊或有悬浮物时，必须处理成清液后测定。

⑤ 旋光仪连续使用时间不宜超过 4h，如使用时间较长，中间应关闭 10～15min，待钠光灯冷却后再继续使用，或用电风扇吹，减少灯管受热程度，以免亮度下降或寿命降低。

⑥ 旋光管用后要及时将溶液倒出，用蒸馏水洗涤干净，擦干；所有镜片应用柔软绒布揩擦。

六、考核评价

项目	序号	考　核　内　容	分值	得分
选择仪器、试剂	1	旋光仪	5	
	2	预热 20min	5	
	3	20℃恒温三级蒸馏水	5	
旋光仪使用、测定	4	装液、排气泡	5	
	5	恒温 20℃	5	
	6	调节手轮，使视场出现视场亮度均匀一致	5	
	7	校正零点	5	
	8	试样测定	5	
	9	读数	5	
团队协作	10	分工明确，各尽其职	3	
	11	仪器清点完好，台面整洁	2	
考核结果				

【知识链接】

一、旋光度和比旋光度

有机化合物分子中含有不对称碳原子，物质的分子和它的镜像不能重合，和人们的左右手相像，那么把物质的这种特征称为手性。具有手性的分子称为手性分子。这样互为镜像关系，又不能重叠的一对立体异构体，互为对映体，具有旋光性。例如蔗糖、葡萄糖等。这类具有光学活性的物质，称为旋光性物质。如图 1-39、图 1-40 所示。

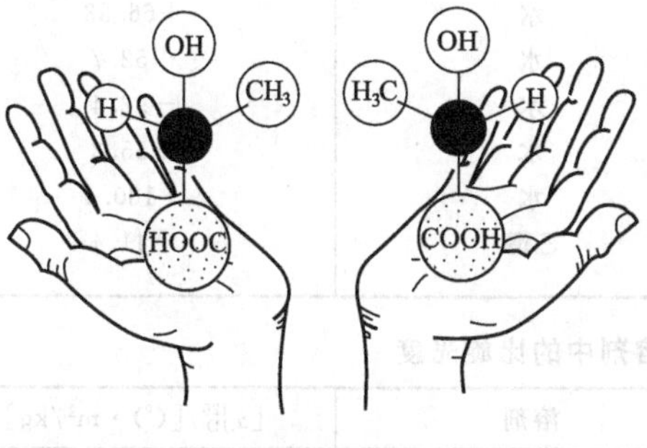

图 1-39　呈镜像关系的乳酸分子

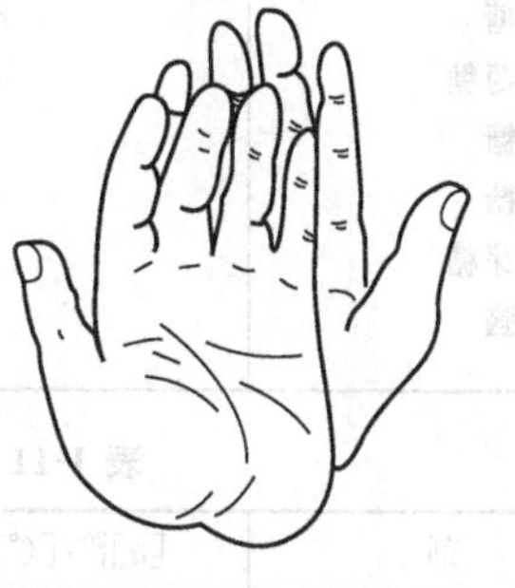

图 1-40　左右手不能重合互为镜像

当平面偏振光通过旋光物质时，偏振光的振动方向就会偏转，出现旋光现象，如图1-41所示。偏转角度的大小反映了该介质的旋光本领。偏振面所旋转的角度称作该物质的旋光度。能使偏振光偏振面向右（顺时针方向）旋转叫做右旋，以（+）号或 D 表示；能使偏振光偏振面向左（顺时针方向）旋转叫做左旋，以（−）号或 L 表示。

旋光度的大小主要决定于旋光性物质的分子结构特征，亦与旋光性物质溶液的浓度、液层的厚度、入射偏振光的波长、测定时的温度等因素有关。同一旋光性物质，在不同的溶剂中，有不同的旋光度和旋光方向。因此，常用比旋光度来表示各物质的旋光性。

一般规定：以钠光线为光源（以 D 代表钠光源），在温度为 20℃时，偏振光透过 1dm 长、每毫升含 1g 旋光物质溶液时的旋光度，叫做比旋光度，用符号 $[\alpha]_D^{20}$ 表示。

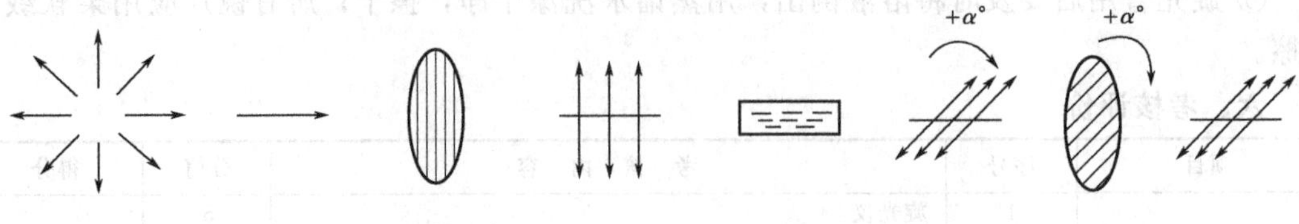

(a) 光源　(b) 起偏镜　(c) 旋光性物质　(d) 检偏镜

图 1-41　旋光现象

纯液体的比旋光度　$[\alpha]_D^{20}=\dfrac{\alpha}{l\rho}$

溶液的比旋光度　$[\alpha]_D^{20}=\dfrac{100\alpha}{lc}$

式中　α——测得的旋光度，(°)；

ρ——液体在 20℃时的密度，g/mL；

c——100mL 溶液中含旋光活性物质的质量，g；

l——旋光管的长度（即液层厚度），dm；

20——测定时的温度，℃。

比旋光度可用来度量物质的旋光能力，是旋光性物质在一定条件下的物理特性常数。可检查旋光物质的纯度表 1-10。表 1-11、表 1-12 列出 *d*-酒石酸在不同溶剂中的不同比旋光度以及氨基酸的比旋光度随溶剂、溶剂浓度及 pH 值的变化。

表 1-10　几种旋光性物质的比旋光度

旋光性物质	浓度 c/(g/100mL)	溶　剂	比旋光度$[\alpha]_D^{20}$/[(°)·m^2/kg]
蔗糖	26	水	+66.53
葡萄糖	3.9	水	+52.7
果糖	4	水	−92.4
乳糖	4	水	+55.3
麦芽糖	4	水	+130.4
樟脑	1	乙醇	+41.4

表 1-11　*d*-酒石酸在不同溶剂中的比旋光度

溶　剂	$[\alpha]_D^{20}$/[(°)·m^2/kg]	溶剂	$[\alpha]_D^{20}$/[(°)·m^2/kg]
水	+14.40	乙醇+甲苯(1∶1)	−6.19
乙醇	+3.79	乙醇+氯苯	−8.09
乙醇+苯(1∶1)	−4.11		

表 1-12　氨基酸的 $[\alpha]_D^{20}$ 随溶剂 pH 值的变化

氨基酸	浓度/(g/mL)	溶剂	$[\alpha]_D^{20}$/[(°)·m^2/kg]
L-异亮氨酸	5.1	6mol/LHCl	+40.6
L-天冬氨酸	1	水	+11.29
L-脯氨酸	2.0	6mol/LHCl	+24.6
	2.0	水	+4.36
	2.42	0.6mol/LKOH	−93.0
	0.57	0.5mol/LHCl	−52.6

按照一般方法测得旋光性物质的旋光度后，可以根据公式$[\alpha]_D^{20}=\frac{\alpha}{l\rho}$或$[\alpha]_D^{20}=\frac{100\alpha}{lc}$计算比旋光度以进行定性鉴定，也可测定旋光性物质的纯度或溶液的浓度。

【例 1】 称取一纯糖试样 10.00g，用水溶解后，稀释为 50.00mL，20℃时，用 1dm 旋光管，以黄色钠光测得旋光度为＋13.3°，代入公式求出$[\alpha]_D^{20}$。

$$[\alpha]_D^{20}=\frac{50.00\times13.3}{1.00\times10.00}=+66.5\ (°)\ \cdot m^2/kg$$

测得值与文献值对照，此糖为蔗糖。

【例 2】 称取蔗糖试样 5.000g，用水溶解后，稀释为 50.00mL，20℃时，用 2dm 旋光管，黄色钠光测得旋光度为＋12.0°，试求蔗糖的纯度。

【解】

（1）求试样溶液中蔗糖的浓度 c

$$c=\frac{100\alpha}{l[\alpha]_D^{20}}=\frac{12.0\times100}{2.00\times66.5}=9.02$$

（2）求蔗糖的纯度

$$蔗糖纯度=\frac{9.02}{\frac{5.00}{50.0}\times100}\times100\%=90.2\%$$

比旋光度受溶液的浓度、pH 值、温度等影响，在配制试样溶液和测定时，应在文献或手册规定的条件下进行。此外，还应该注意变旋光的现象。在测定这类试样的比旋光度时，应该将溶液先配好，隔一定时间待变旋达到平衡后再测量，方能测得稳定可靠的比旋光度值。

二、旋光仪的使用

测定溶液或液体旋光度的仪器叫旋光仪，它的基本构造如图 1-42 所示；光线从光源经过起偏镜，再经过盛有旋光性物质的旋光管时，由于物质具有旋光性，使得产生的偏振光不能通过第二个棱镜，必须旋转检偏镜才能通过。检偏镜转动角度由标尺盘上移动的角度表示，此读数即为该物质在此浓度时的旋光度 α。

旋光仪是由可以在同一轴转动的两个尼克尔棱镜组成的，在两个主截面互相垂直的起偏镜和检偏镜之间放置一个盛装待测液体的旋光管。当旋光管内装有无旋光性介质时，则望远镜筒内的视场是黑暗的；当管内装有旋光性物质溶液或液体时，因介质使光的振动平面旋转了某一角度，则视野稍见明亮，再旋转检偏镜使视场变得黑暗如初，则检偏镜转动的角度就是旋光物质使偏振光偏转的角度，这个角度的大小可在与检偏镜同轴的刻度盘上读出。

为了精确地比对望远镜筒内视场的明暗，在起偏镜与旋光管之间加装一块狭长石英片。石英的旋光性使通过它的平面偏振光又转了一定角度。在镜筒中看到的视场就有三种情况见图 1-38。

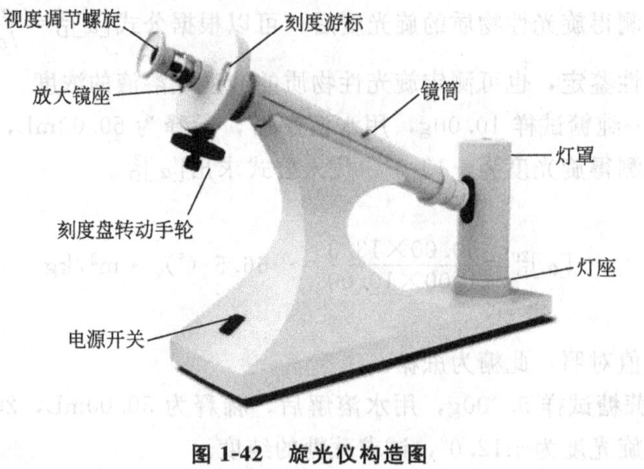

图 1-42 旋光仪构造图

读数时，应调整检偏镜刻度盘，使视场变成明暗相等的单一视场［即图 1-38(b)］，然后读取刻度盘上所示的刻度值。

刻度盘分为两个半圆，分别标出 0°～180°；固定游标分为 20 等分。读数时，应先读游标的 0 落在刻度盘上的位置（整数值），再用游标尺的刻度盘画线重合的方法，读出游标尺上的数值，读数可以准确至 0.05°，如图 1-43 所示。

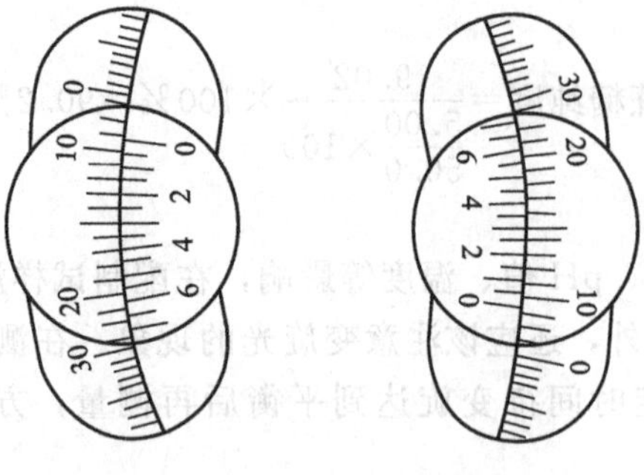

图 1-43 刻度盘读数

三、注意事项

① 物质的旋光度与入射光波长和温度有关。通常用钠光谱 D 线（$\lambda=589.3$nm、黄色）为光源。以 $t=20$℃或 25℃时之值表示。

② 将样品液体或校正用液体装入旋光管时要仔细小心，勿产生气泡。若顶端有气泡，应将管倾斜并轻轻叩拍，把气泡赶入鼓包处，否则光线通过气泡影响测定结果。

③ 校正仪器或测定样品时，调整检偏镜-检查亮度-记取读数的操作，一般都需要重复多次，取平均值，经校正后作为结果。

④ 光学活性物质的旋光度不仅大小不同，旋转方向有时也不同。所以，记录测得的旋光角 α 时要标明旋光方向，顺时针转动检偏镜时，称为右旋，记作＋或 D；反之，称为左旋，记作－或 L。

⑤ 配制样品常用水、甲醇、乙醇或氯仿，必须强调的是，采用不同的溶剂，测出的比旋光度数值、甚至旋光方向有可能不同。

能力测评

1. 测定物质的旋光性时，在目镜中应调节观察到________________图像时才能读数。

2. 物质的旋光性与________和________有关，通常使用________为光源，在________温度下测定旋光度。

3. 能否测定任何物质旋光度？解释说明。

4. 如何判断被测物质是左旋还是右旋？

学习情境二

碘值测定

【任务描述】

轻质石油产品含有不饱和烃，碘值是这类产品质量的重要指标，此值宜小。如航空煤油，要求在储运时性质稳定，若油中含有较多的不饱和烃，则在空气中特别是高温下，易产生胶状物质，使油品质量在储存中发生显著变化。按照石化标准 SH/T 0234—92 轻质石油产品碘值和不饱和烃含量测定，用碘-乙醇法测定航空煤油碘值，此法操作简便快速，准确度也能符合工业生产的要求。

任务一　航空煤油碘值测定——碘-乙醇法

一、实验原理

碘的乙醇溶液在有水存在时，发生水解反应生成次碘酸，所生成的次碘酸与烯基化合物加成，加成反应完全后，过量的碘用硫代硫酸钠标准溶液滴定，同时做空白试验。由空白滴定和试样滴定之差值即可求得碘值。

碘值以 100g 试样所能吸收碘的质量（g）表示。由试样的碘值和平均分子量计算其不饱和烃含量，反应过程如下。

碘的乙醇溶液在有水存在时，发生水解反应。

$$I_2 + H_2O \longrightarrow HIO + HI$$

所生成的次碘酸与烯基化合物加成：

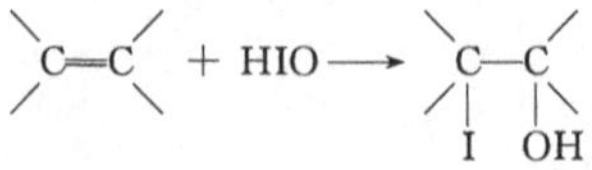

硫代硫酸钠滴定过量的碘：

$$2Na_2S_2O_3 + I_2 \longrightarrow 2NaI + Na_2S_4O_6$$

二、仪器

① 滴瓶　20mL，或玻璃安瓿，容积 0.5～1mL，其末端应拉成毛细管。

② 碘量瓶 500mL。

③ 滴定管　50mL。

④ 吸量管　25mL。

三、试剂与试样

① 碘-乙醇溶液　碘 20g±0.5g 溶解于 1L95%乙醇。

② 碘化钾 200g/L 水溶液。

③ 硫代硫酸钠 $c(Na_2S_2O_3)=0.1moL/L$。

④ 淀粉指示剂 5g/L，新配制。

四、实验步骤

精确称取 0.3～0.4g 试样，为取得准确量的汽油，可使用安瓿球。先称出安瓿的质量，然后将安瓿的球形部分在煤气灯或酒精灯的小火焰上加热，迅速将安瓿的毛细管末端插入试样内，使安瓿吸入的试样能够达到 0.3～0.4g，或者根据试样的大约密度，用注射器向安瓿注入一定量体积试样，使其能够达到 0.3～0.4g，然后小心地将毛细管末端焊闭，再称出其质量。安瓿的两次称重都必须精确至 0.0004g。将装有试样的安瓿球放入已注有 5mL95%乙醇中打碎，玻璃棒和瓶壁所沾着的试样，用 10mL95%乙醇冲洗。

为取得准确量的喷气燃料，可使用滴瓶。将试样注入滴瓶中称重，从滴瓶中吸取试样约 0.5mL，滴入已注有 15mL95%乙醇的碘量瓶中。将滴瓶称重，两次称量都必须精确至 0.0004g，按差值计算所取试样量。

准确移取 25mL 碘-乙醇溶液注入碘量瓶中，液封紧闭瓶口，小心摇动碘量瓶，然后加入 150mL 蒸馏水，用塞子将瓶口塞闭。再摇动 5min，采用旋转式摇动，速度为 120～150r/min，静置 5min，摇动和静置时室温应在 (20±5)℃，然后加入 25mL200g/L 碘化钾溶液，随即用蒸馏水洗瓶塞与瓶颈，用硫代硫酸钠标准滴定溶液滴定，直至混合物的蓝紫色消失为止，同样条件进行空白试验。

试样碘值按下式计算：

$$碘值=\frac{(V_0-V)cM_{\frac{1}{2}I_2}}{m}\times100\%$$

五、技术关键

① 由于次碘酸的氧化性比碘强，能氧化硫代硫酸根为硫酸根，干扰滴定反应。所以，在用硫代硫酸钠滴定前，先加入碘化钾与碘作用形成三碘化钾 (KI_3) 抑制碘再水解，并防止碘挥发，同时也增加碘在水中的溶解度。

② 加成剂的用量，一般以过量 70%为宜，过多会导致发生取代反应，过少则反应不能完全。碘的浓度约为 0.1mol/L。

③ 反应时间一般为 3～5min 即可。过长或过短都会使测定结果偏高或偏低。

六、考核评价

根据任务要求进行项目检验，判断产品质量等级，并准确填写检验报告单、数据记录单、样品交接单。根据测定结果的准确度、精密度及任务实施过程进行总体评价（后续学习情境评价标准同此）。

项目名称：

考核项目	考核内容	权重/%	成绩	成绩×权重
工作过程	1. 工作态度	5		
	2. 规范操作	10		
	3. 安装能力	5		
	4. 创新能力	5		
	5. 知识运用能力	5		
项目验收	6. 准确度	20		
	7. 精密度	20		

续表

项目名称：				
考核项目	考核内容	权重/%	成绩	成绩×权重
素质能力	8. 规范填写	5		
	9. 仪器使用归还	5		
	10. 仪器破损	5		
	11. 团队协作	5		
	12. 安全环保	5		
	13. 按时完成	5		
合计		100		

拓展任务　动植物油脂碘值测定——韦氏法

一、原理

动植物油脂含有不饱和脂肪酸，使过量氯化碘溶液与不饱和脂肪酸的双键进行定量加成反应。

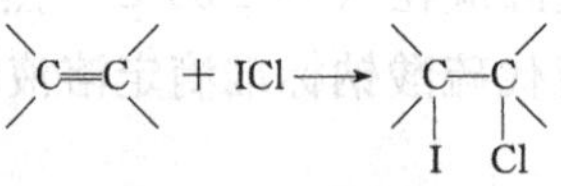

反应完全后，加入碘化钾溶液，与剩余的氯化碘作用析出碘，以淀粉作指示剂，用硫代硫酸钠标准溶液滴定，同时做空白试验。

$$KI + ICl = I_2 + KCl$$

$$2Na_2S_2O_3 + I_2 \longrightarrow 2NaI + Na_4S_4O_6$$

二、仪器

① 碘量瓶　500mL　（完全干燥）。

② 移液管　25mL。

③ 棕色滴定管　50mL。

④ 气流烘干机。

三、试剂与试样

① 试样　大豆油和葵花籽油。

② 碘化钾 100g/L。

③ 淀粉指示剂 5g/L（新配制）。

④ 硫代硫酸钠标准液 0.1mol/L。

⑤ 溶剂　将环己烷与冰醋酸等体积混合。

⑥ 韦氏液（一氯化碘的乙酸溶液）　取一氯化碘 25g 于干燥烧杯中，加冰醋酸 1500mL 溶解，然后转入棕色试剂瓶中避光保存。

⑦ 无还原性物质冰醋酸。

检验方法：取冰醋酸 2mL 加 10mL 蒸馏水稀释，加入 1mol/L 高锰酸钾 0.1mL，所呈现颜色在 2h 内保持不变，如果红色褪去，说明有还原性物质存在。

精制方法：取冰醋酸 800mL 放入圆底烧瓶，加入 8～10g 高锰酸钾，接上回流冷凝器，加热回流约 1h，移入蒸馏瓶中进行蒸馏，收集 118～119℃间馏出物。

四、实验步骤

用减量法称取油样 0.25～0.3g 于 500mL 干燥的碘量瓶中，加 20mL 溶剂（环己烷与冰醋酸），使油样完全溶解，准确加入 25.00mL 韦氏液，塞紧瓶塞，并用少量碘化钾液封口，勿使流入瓶内，摇匀后放暗处在室温 20℃下放暗处 60min，取出，沿瓶口加 20%碘化钾液 10mL，稍加摇动，以 100mL 水冲洗瓶塞及瓶口，用 0.1mol/L 硫代硫酸钠标准溶液滴定至淡黄色，加入 2mL 淀粉，继续滴定至蓝色刚好消失即为终点。同样条件下进行空白试验。

根据实验结果计算试样的碘值：

$$\text{碘值}=\frac{(V_0-V)cM_{\frac{1}{2}I_2}}{m}\times 100\%$$

五、技术关键

① 配制及使用韦氏液时，须严防水分进入，所用仪器必须干燥。

② 反应时间、温度及韦氏液的浓度必须严格控制。碘值低于 $150gI_2/100g$ 的样品，暗处放置 1h，碘值高于 $150gI_2/100g$，暗处放置 2h。

③ 样品试验和空白试验条件必须完全一致，特别是加入韦氏液的速度必须一致。

④ 根据样品估算碘值，确定称样量，见表 2-1，试样称样量不应超过规定的最高质量(g)。

表 2-1　试样称取质量

预估碘值/(gI_2/100g)	试样质量/g	溶剂体积/mL	预估碘值/(gI_2/100g)	试样质量/g	溶剂体积/mL
<1.5	15.00	25	20～50	0.40	20
1.5～2.5	10.00	25	50～100	0.20	20
2.5～5	3.00	20	100～150	0.13	20
5～20	1.00	20	150～200	0.10	20

注：试样的质量必须能保证所加入的韦氏试剂过量 50%～60%。

【知识链接】

一、碘值测定不饱和度

含有 C═C 或 C≡C 的有机化合物，属于不饱和化合物。主要有烯烃、炔烃、不饱和脂肪酸及油脂等。测定不饱和化合物特别油脂、石油产品不饱和度是石油化工和油脂工业必测的项目，通过试样不饱和度测定，确定产品的质量是否符合生产要求。

定量化学分析不饱和化合物，主要是利用发生在双键上的加成反应。根据采用的加成试剂不同，有卤素加成法、催化加氢法、氧加成法和硫氰加成法等。其中卤素加成法，特别是采用氯化碘作为加成试剂的方法（韦氏法）和碘-乙醇法应用较为普遍。

卤素加成法测定烯基化合物的不饱和度时，分析结果有以下三种表示方法。

① 双键的百分含量，这种表示方法适用于对纯样品做结构分析。

② 烯基化合物百分含量，这种表示方法常用于化工生产中对产品做规格分析。

③“碘值”或“溴值”，其定义是在规定条件下，每 100g 试样在反应中加成所需碘或溴

的质量（g）。这种表示方法常用于油脂分析。

常用油脂的碘值和密度见表 2-2。

表 2-2 常用油脂的碘值和密度

名　称	碘值/(gI_2/100g)	密度(15℃)/(g/cm³)	名　称	碘值/(gI_2/100g)	密度(15℃)/(g/cm³)
牛油	35～59	0.937～0.953	菜油	94～106	0.910～0.917
羊油	33～46	0.937～0.953	蓖麻油	83～87	0.950～0.970
猪油	50～77	0.931～0.938	茶油	95～105	0.917～0.928
鱼油	120～180	0.951～0.953	糠油	91～110	0.917～0.928
豆油	105～130	0.922～0.927	骨油	46～56	0.914～0.916
花生油	86～105	0.915～0.921	蚕蛹油	116～136	0.925～0.934(20℃)
棉籽油	105～110	0.922～0.935	亚麻子油	170～204	0.931～0.938

二、氯化碘加成法（韦氏法）

氯化碘加成法主要用于动植物油不饱和度的测定，以“碘值”表示，是油脂的特征常数和衡量油脂质量的重要指标。例如亚麻油的碘值约为 175gI_2/100g，桐油的碘值为 163～173gI_2/100g。此外，该法还适用于测定不饱和烃、不饱和酯和不饱和醇等。苯酚、苯胺和一些易氧化的物质，对此法有干扰。

1. 原理

过量的氯化碘溶液与待测化合物分子中的不饱和键发生定量加成反应。

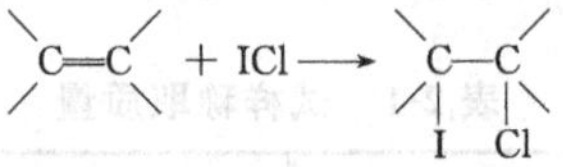

待反应完全后，加入碘化钾还原剩余的氯化碘，生成的碘用硫代硫酸钠标准滴定溶液滴定，采用淀粉指示剂。同时进行空白试验。

$$ICl(剩余) + KI \longrightarrow I_2 + KCl$$

$$2Na_2S_2O_3 + I_2 \longrightarrow 2NaI + Na_2S_4O_6$$

2. 测定条件

主要围绕反应完全、快速、不发生取代反应而进行选择。

① 为使反应进行完全，试剂应过量 100%～150%。过量少，反应不完全；过量多，易发生取代反应。ICl 的浓度一般选用 0.1mol/L。

② 反应需要进行 30min。

③ 试样一般用三氯甲烷或四氯化碳溶解，国标中采用环己烷作溶剂。

④ 进行加成反应时，应无水操作（试剂、试样和仪器都应无水），有水时会引起 ICl 分解。

⑤ 为防止 ICl 挥发，反应应在密闭、低温条件下进行。为防止取代反应发生，应在避光条件下进行。

3. 结果表述

① 不饱和化合物含量　在不饱和化合物中，1mol 双键可以加成 1mol ICl，相当于 2mol 硫代硫酸钠滴定剂，故试样中不饱和化合物（B）的质量分数按下式计算：

$$w(\mathrm{B})=\frac{c(V_0-V)M_{\frac{1}{2}\mathrm{B}}}{mn\times10^3}$$

式中 c——硫代硫酸钠标准滴定溶液的准确浓度，mol/L；

V——试样消耗硫代硫酸钠标准滴定溶液的体积，mL；

V_0——空白试验消耗硫代硫酸钠标准滴定溶液的体积，mL；

m——试样的质量，g；

$M_{\frac{1}{2}\mathrm{B}}$——不饱和化合物 1/2B 的摩尔质量，g/mol；

n——不饱和化合物分子中双键的个数。

② 碘值　氯化碘加成法测定动植物油脂的不饱和度时，由于不能与动植物油脂中的所有双键发生加成反应，只能测出相对值，所以不能用不饱和化合物的质量分数表示测定结果，通常用“碘值”表示测定结果。碘值的定义为：100g 样品所加成的氯化碘换算为碘的质量（g）。

$$碘值=\frac{c(V_0-V)M_{\frac{1}{2}\mathrm{I}_2}}{m\times10^3}\times100$$

式中 $M_{\frac{1}{2}\mathrm{I}_2}$——碘（I）的摩尔质量，126.9g/mol。

三、碘-乙醇溶液加成法

碘的乙醇溶液在有水存在时，发生水解反应；所生成的次碘酸与烯基化合物加成。

在一般条件下，碘与水的反应进行很慢，但是，当所生成的次碘酸与烯基化合物加成反应，将次碘酸从碘与水反应的平衡体系中移去后，就进行得很快。

加成反应完全后，过量的碘用硫代硫酸钠标准溶液滴定，同时做空白试验。

由于次碘酸的氧化性比碘强，能氧化硫代硫酸根为硫酸根，干扰滴定反应。所以，在用硫代硫酸钠滴定前，先加入碘化钾与碘作用形成三碘化钾（KI_3）抑制碘再水解，并防止碘挥发，同时也增加碘在水中的溶解度。

碘值计算公式如下：

$$碘值=\frac{(V_0-V)c\times126.9}{1000m}\times100$$

碘-乙醇溶液法用于轻质石油产品碘值的测定，该法也用于植物油碘值的测定。但是，不适用于双键上连有吸电子基团化合物（如蓖麻酸）等。此法操作简便、快速而且费用低，准确度也能符合工业生产的要求。

能力测评

1. 碘值是指________，碘值愈高，说明试样的不饱和度________。碘值测定方法和________。

2. 韦氏加成法采用的加成试剂是（　）。

A. I_2　　B. ICl　　C. Br_2　　D. Cl_2

3. 如何配制 1L 浓度为 0.1mol/L 的氯化碘溶液？

4. 韦氏加成法测定碘值的取样量是如何确定的？取样量过多或过少有什么弊病？

5. 韦氏加成法测定碘值为什么使用完全干燥的碘量瓶？如不干燥，对测定结果有何影响？

6. 采用韦氏法测定豆油的碘值。称取一定量的试样，加 10mL 四氯化碳使试样溶解后，加 25.00mL 0.10mol/L ICl 溶液，室温下于暗处放置 30min 后，加碘化钾还原，用 0.1000mol/L $Na_2S_2O_3$ 标准滴定溶液滴定。同时进行空白试验。试回答：

（1）若试样碘值为 120～140gI_2/100g，要求 ICl 过量 1.5 倍，试估算试样的称取量；

（2）理论上空白试验应消耗硫代硫酸钠多少毫升？

学习情境三

工业用季戊四醇的检验

【任务描述】

季戊四醇是白色或淡黄色的结晶粉末，微溶于醇，不溶于苯、乙醚、石油醚等。易被一般有机酸酯化。季戊四醇主要用在涂料工业中，可用以制造醇酸树脂涂料，并可制干性油和航空润滑油等。季戊四醇的脂肪酸酯是高效的润滑剂和聚氯乙烯增塑剂，其环氧衍生物则是生产表面活性剂的原料。洗涤剂配方中作为硬水软化剂使用。

按照 GB/T 7615—1995 对工业用季戊四醇进行检验确定质量等级。

任务一　季戊四醇含量测定——乙酸酐-乙酸钠-乙酰化法

一、实验原理

以乙酸钠作催化剂，醇与乙酸酐发生乙酰化反应，反应生成的乙酸和过量乙酸酐用碱溶液中和后，加入一定量过量的碱，使生成的酯定量皂化，剩余的碱用酸标准溶液滴定。由空白滴定和试样滴定之差值即可求得羟值和醇的含量。

乙酰化

$$C(CH_2OH)_4 + 4(CH_3CO)_2O \xrightarrow{CH_3COOH} C(CH_2OOCCH_3)_4 + 4CH_3COOH$$

水解

$$(CH_3CO)_2O + H_2O \longrightarrow 2CH_3COOH$$

中和

$$CH_3COOH + NaOH \longrightarrow CH_3COONa + H_2O$$

皂化

$$C(CH_2OOCCH_3)_4 + 4NaOH \longrightarrow C(CH_2OH)_4 + 4CH_3COONa$$

滴定

$$H_2SO_4 + 2NaOH \longrightarrow Na_2SO_4 + 2H_2O$$

二、仪器

① 酸式滴定管 50mL。

② 碱式滴定管 50mL。

③ 调压电炉。

三、试剂与试样

① 乙酸酐。

② 无水乙酸钠。

③ 氢氧化钠溶液　$c(NaOH)=1mol/L$。

④ 硫酸标准溶液　$c(1/2H_2SO_4)=1mol/L$。

⑤ 酚酞指示剂　1%乙醇液。

⑥ 试样　季戊四醇（$M=136.15$）。

四、实验步骤

精称干燥研细的试样0.8g，准确至0.0002g，置于250mL干燥锥形瓶中，加入1g无水乙酸钠、5mL乙酸酐，轻轻摇动，使固体湿润，在电炉上缓慢加热，微沸2～3min，使回流现象至锥形瓶3/4处，取下锥形瓶，加入25mL水，再继续加热至沸使溶液清亮后，取下冷却至室温。加入8滴酚酞指示剂，用1mol/L氢氧化钠溶液中和至微粉色，加碱速度不应太快，然后准确滴加50.00mL 1mol/L氢氧化钠溶液，在电炉上加热煮沸10min后，取下锥形瓶，装上碱石棉干燥管，急速冷却至室温，再加8滴酚酞指示剂，用硫酸标准溶液$c(1/2H_2SO_4)=1mol/L$滴定至微粉色（pH=9.7）。

同样条件进行空白试验。

根据实验结果计算季戊四醇含量。

$$醇含量=\frac{(V_0-V)cM}{1000nm}\times100\%$$

五、技术关键

① 氢氧化钠浓度不要大于1mol/L，硫酸标准溶液浓度不要小于0.5mol/L，以免空白值超过50mL。

② 样品与固体乙酸钠应轻轻摇匀后，再加入5mL乙酸酐，然后轻轻摇动使乙酸酐将混合固体浸湿。

③ 乙酰化反应加热时，可轻轻转动瓶子，但切忌摇动，否则发生崩溅现象，一旦将液体溅出锥形瓶外，应重做。

④ 以氢氧化钠中和乙酸时，滴定速度不要太快，以免局部提前皂化。

任务二　灰分的测定

一、原理

灰分用灼烧称重法测定。试样经炭化、高温灼烧，使有机物质被氧化分解，以二氧化碳、氮的氧化物及水等形式逸出，无机物质以硫酸盐、磷酸盐、碳酸盐、氯化物等无机盐和金属氧化物的形式残留下来，这些残留物即为灰分，称量残留物的重量即可计算出样品中总灰分的含量。

本方法参照GB/T 7531—87《有机化工产品灰分的测定》。

二、仪器

本实验所用仪器见图3-1。

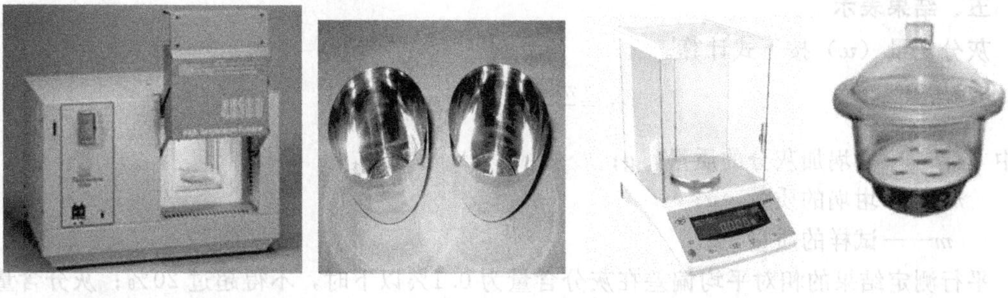

马弗炉(650~850℃)　　坩埚　　分析天平　　干燥器

图 3-1　实验所用仪器

三、试剂

① 无水氯化钙。

② 变色硅胶。

③ 硝酸。

四、测定步骤

测定步骤见图 3-2。

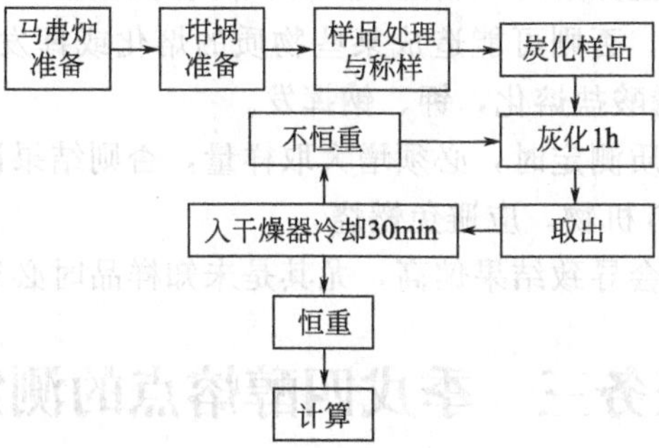

图 3-2　测定步骤

① 用 1＋1 盐酸溶液浸泡瓷坩埚 24h；浸泡石英坩埚、铂坩埚 2h，然后洗净，烘干。

② 将已经处理过的坩埚放在高温炉中，在选定的试验温度下灼烧适当时间，取出坩埚，在空气中冷却 1～3min，然后移入干燥器中冷却至室温，准确称量。重复上述试验至恒重，即两次称量结果之差不大于 0.3mg。

③ 每个测定试样的称样质量，应以能获得 5～30mg 残渣为依据。对于灰分含量低的产品，由于称样量大，可采取分次加样的方法，直到全部试样炭化或挥发完全为止。

④ 用已经恒重的坩埚称取规定的试样，放在电炉上缓慢加热，直到试样全部炭化或挥发；如是升华性质的试样，应采用缓慢燃烧至炭化。最后将坩埚移入高温炉中，以下按测定步骤②操作。

⑤ 较难灼烧的试样，可在炭化后的坩埚中加入 0.5～1.0mg 硝酸溶液，使炭化物湿润，在电炉上加热，以排除硝酸，然后移入高温炉中，以下按测定步骤②操作。

⑥ 灼烧温度应根据不同产品从下列温度中选择：(650±25)℃、(750±25)℃、(850±25)℃。

五、结果表示

灰分含量（w）按下式计算。

$$w=\frac{m_1-m_2}{m}\times 100\%$$

式中 m_1——坩埚加灰分的质量，g；
m_2——坩埚的质量，g；
m——试样的质量，g。

平行测定结果的相对平均偏差在灰分含量为0.1%以下时，不得超过20%；灰分含量为0.1%～0.2%时，不得超过10%。

六、技术关键

① 灼烧、灰分、硫酸灰分。

a. 灼烧是指在高于250℃以上的温度时进行的热处理。

b. 灰分是指在规定条件下，灼烧后剩下的不燃烧物质。灰分也称灼烧残渣。一般认为灰分是由无机盐、金属氧化物和机械杂质构成的。

c. 硫酸灰分是在炭化过程加入硫酸，经灼烧使杂质元素转化成硫酸盐而计的灰分。灰分通常成为定量控制添加剂加入量的手段。

② 为避免灰分飞散，坩埚最好加盖（留缝）。

③ 样品中含有的碳酸盐分解时，会造成灰分测定值负偏差。

④ 严格控制灼烧温度，否则可能造成某些物质的熔化或挥发，而使结果产生误差。如灼烧温度超过600℃，则磷酸盐熔化，钾、钠挥发。

⑤ 对灰分含量小的物质测定时，必须增大取样量，否则结果误差较大。如果样品量大，可分几次加入，样品若为有机物，应避免燃烧。

⑥ 炭化、灰化不完全会导致结果偏高，尤其是未知样品时必须注意。

任务三　季戊四醇熔点的测定

按照GB/T 617—2005熔点测定通用方法进行（见学习情景一中的任务一熔点测定），安装仪器，季戊四醇熔点参考值为250℃。选择合适载热体，将仪器快速升温，当距熔点20℃左右，降低升温速度，继续升温，当距熔点10℃时，严格控制升温速度在1～1.5℃/min。

取两次平行测定结果的算术平均值为测定结果，两次平行测定结果的绝对差值不大于1℃。

任务四　加热减量的测定

一、测定方法

用已称质量的扁形称量瓶称取约2g试样（精确称至0.0002g），置于恒温烘箱中，于(88±2)℃下烘干2h。取出置于干燥器中冷却至室温，称量。

二、结果计算

$$w=\frac{m_1-m_2}{m}\times 100\%$$

式中　m_1——干燥前试料和称量瓶的质量；

m_2——干燥后试料和称量瓶的质量；

m——试料的质量。

取两次平行测定结果的算术平均值为测定结果，两次平行测定结果的绝对差值不大于0.04%。

【知识链接】

一、羟基化合物测定概述

醇的测定通常采用乙酰化法测定。分析混合物可采用气相色谱法，测定微量组分可采用分光光度法。

利用醇容易酰化成酯的性质，按照乙酰化剂组成的不同，乙酰化法可分为乙酸酐-吡啶乙酰化法、乙酸酐-吡啶-高氯酸乙酰化法和乙酸酐-乙酸钠乙酰化法。以上方法主要用于伯醇和仲醇的测定。

二、乙酸酐-吡啶-高氯酸乙酰化法

乙酰化试剂通常选用乙酸酐。性质稳定，不易挥发，酰化反应速率虽较慢，但可加催化剂来提高，必要时可加热。

不同的醇的乙酰化反应速率有很大的差异，一般规律是伯醇的乙酰化反应速率比仲醇快，烯醇的酰化速率比相应的饱和醇要慢。酚、伯胺、仲胺、硫醇、环氧化物和低相对分子质量的醛等干扰乙酰化反应，应该在测定之前除去或用其他方法测定后改正。

1. 基本原理

醇与过量的乙酸酐反应生成酯和乙酸，剩余的乙酸酐加水水解产生2倍量的乙酸，用氢氧化钠标准滴定溶液滴定生成的全部乙酸，同时做空白试验，则空白测定与试样测定消耗碱标准溶液的差值，即为试样酰化反应所消耗的酸酐量，从而可以计算出试样中醇和羟基的含量（羟值）。其反应过程如下。

乙酰化

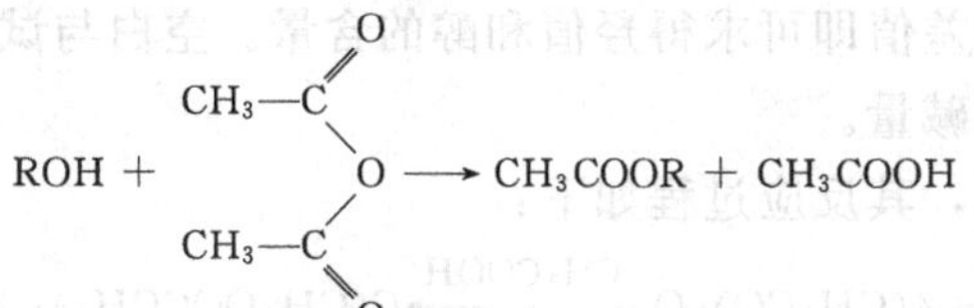

水解

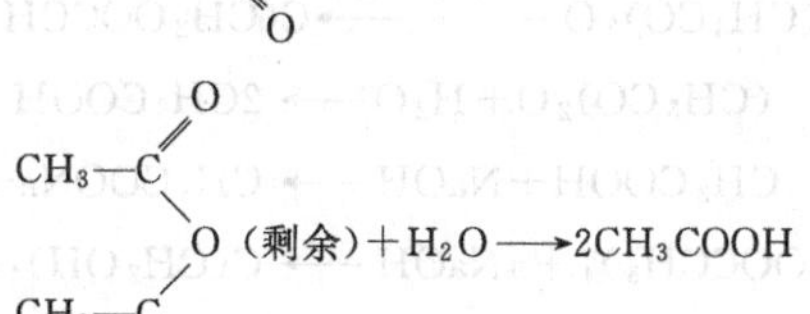

滴定　$CH_3COOH + NaOH \longrightarrow CH_3COONa + H_2O$

分析结果计算公式如下：

$$醇含量=\frac{(V_0-V)cM}{1000nm}\times 100\%$$

$$羟基含量=\frac{(V_0-V)c\times 17.01}{1000m}\times 100\%$$

式中　V_0——空白试验消耗氢氧化钠标准溶液的体积，mL；

V——试样试验消耗氢氧化钠标准溶液的体积，mL；

c——氢氧化钠标准溶液的浓度，mol/L；

M——醇的摩尔质量，g/mol；

17.01——羟基的摩尔质量，g/mol；

m——试样的质量，g；

n——试样分子中羟基的个数。

说明：①在上述乙酰化试剂中，高氯酸起催化作用，吡啶除作为溶剂外，又作为有机碱，与乙酰化反应生成的乙酸作用生成乙酸吡啶盐，以防止乙酸挥发而损失，同时吡啶对酰化反应也有催化作用，不过这种作用比高氯酸要小些。

② 乙酰化试剂中乙酸酐和吡啶的体积比，以乙酸酐∶吡啶＝1∶3为宜。

③ 如果试样中含有游离酸或碱时，应另取试样，溶于吡啶后，以碱或酸标准溶液滴定后，加以校正。

2. 测定条件

① 为了加快酰化反应速率，并使反应趋于完全，酰化剂的用量一般要过量50%以上。当试样中有水分时，要适当增加酰化剂的用量，如果水分过多，必须先经脱水后再测定。所使用的仪器也都必须干燥。

② 反应的时间以及是否需要加热，取决于试样的性质和试样的相对分子质量的大小。大部分易溶于水的试样在室温10～30min即可反应完全，而相对分子质量较大的取代基较多的化合物，需加热或提高酰化剂的浓度，有的需要加热2～3h方能反应完全。

③ 滴定常用甲酚红-百里酚蓝混合指示剂，由黄色突变为紫红色即为终点。如果试样颜色过深，妨碍终点观察时，最好改用电位法确定终点，终点pH值应为8～9。

本方法广泛用于大多数伯醇和仲醇羟基的测定。

三、乙酸酐-乙酸钠乙酰化法

以乙酸钠作催化剂，醇与乙酸酐发生乙酰化反应，剩余乙酸酐水解生成乙酸，用碱溶液中和乙酸后，再加入一定量过量的碱，使生成的酯定量皂化，剩余的碱用酸标准溶液滴定。由空白滴定和试样滴定之差值即可求得羟值和醇的含量。空白与试样消耗酸标准溶液的量的差值即为酯皂化所消耗的碱量。

以季戊四醇测定为例，其反应过程如下：

乙酰化 $C(CH_2OH)_4+4(CH_3CO)_2O \xrightarrow{CH_3COOH} C(CH_2OOCCH_3)_4+4CH_3COOH$

水解 $(CH_3CO)_2O+H_2O \longrightarrow 2CH_3COOH$

中和 $CH_3COOH+NaOH \longrightarrow CH_3COONa+H_2O$

皂化 $C(CH_2OOCCH_3)_4+4NaOH \longrightarrow C(CH_2OH)_4+4CH_3COONa$

滴定 $H_2SO_4+2NaOH \longrightarrow Na_2SO_4+2H_2O$

分析结果计算公式如下。

$$醇含量=\frac{(V_0-V)c(\frac{1}{2}H_2SO_4)M}{1000nm}\times100\%$$

$$羟基含量=\frac{(V_0-V)c(\frac{1}{2}H_2SO_4)\times17.01}{1000m}\times100\%$$

中和反应和滴定反应均以酚酞作指示剂，因溶液中有乙酸钠存在，所以终点颜色均应为微红色（终点pH值约为9.7）。

中和反应是本法的关键，如果中和不准确即颜色过深或过浅均会造成误差。若中和颜色过深即氢氧化钠过量，酯局部皂化使测得值偏低，反之则偏高。

以乙酸钠为催化剂，避免使用恶臭、有毒的吡啶，还可排除伯胺、仲胺的干扰。

能力测评

1. 乙酸酐-吡啶-高氯酸乙酰化法所加各试剂的作用是什么？
2. 乙酸酐-乙酸钠-乙酰化法是否适用于叔醇的测定？
3. 剖析分析方案：香料中伯醇或仲醇含量测定。

量取 10mL 试样、10mL 乙酸酐和 2.00 无水乙酸钠，回流加热后，加水 50～60mL 振摇 15min，倾入分液漏斗中弃去水溶液，依次用氯化钠饱和液、碳酸钠-氯化钠溶液、氯化钠饱和液各 50mL 洗涤，再用蒸馏水洗至中性为止。所得乙酰化试样用 3g 无水硫酸镁干燥，至透明为止。

称取干燥乙酰化试样约 2g，准确加入 50.00mL0.5mol/L 氢氧化钾-乙醇溶液，回流加热 1h，冷却至室温，加 5～10 滴酚酞指示剂，用 0.5mol/L 盐酸标准溶液滴定至粉红色消失即为终点，同样进行空白试验，

回答　1. 所加各试剂的作用是什么？

2. 各步操作目的是什么？

学习情境四

防冻液用乙二醇的检验

【任务描述】

乙二醇，又名“甘醇”，简称EG。乙二醇是无色无臭、有甜味液体，能与水、丙酮互溶，但在醚类中溶解度较小。乙二醇是一种抗冻剂，60%的乙二醇水溶液在$-40°C$时结冰，常用于汽车用防冻剂及工业载冷剂，用于工业冷量的输送。

此外，还用作溶剂、增塑剂以及合成涤纶的原料。乙二醇的高聚物用于细胞融合；其硝酸酯是一种炸药。

参照国家标准GB/T 4649—2003《工业用乙二醇》对防冻液用乙二醇进行检验。

任务一　乙二醇含量测定——高碘酸氧化法

一、原理

试样中加入一定量且过量的高碘酸，氧化反应生成相应的羰基化合物和碘酸，加入碘化钾溶液，剩余的高碘酸和反应生成的碘酸被还原析出碘，用硫代硫酸钠标准溶液滴定，同时做空白试验。由空白滴定与试样滴定之差值即可算出试样乙二醇含量。

氧化

$$\begin{matrix} CH_2-OH \\ | \\ CH_2-OH \end{matrix} + HIO_4 \longrightarrow 2HCHO + HIO_3 + H_2O$$

还原

$$HIO_4 + 7KI + 7H^+ \longrightarrow 4I_2 + 7K^+ + 4H_2O$$

$$HIO_3 + 5KI + 5H^+ \longrightarrow 3I_2 + 5K^+ + 3H_2O$$

滴定

$$I_2 + 2Na_2S_2O_3 \longrightarrow 2NaI + Na_2S_4O_6$$

在高碘酸氧化α-多羟醇的反应中，1molHIO_4产生1molHIO_3，少析出1molI_2，而1molI_2与2mol$Na_2S_2O_3$相当，所以，在乙二醇与高碘酸的反应中，1mol乙二醇与2mol$Na_2S_2O_3$相当。

$$n_{\frac{1}{2}\text{乙二醇}} = n_{Na_2S_2O_3}$$

二、仪器

① 容量瓶　250mL。

② 碘量瓶　250mL。

③ 棕色酸式滴定管　50mL。

三、试剂与试样

① 碘化钾　20%。

② 淀粉指示剂 5g/L（新配制）。

③ 硫代硫酸钠标准液　0.1 mol/L。

④ 高碘酸溶液　0.5g 高碘酸钾溶于 10mL 0.5mol/L 的硫酸中，稀释到 100mL。

四、实验步骤

精确称取 0.20～0.27g 防冻液于 250mL 容量瓶中，用水溶解并稀释至刻度。

吸取 25.00mL 试样溶液，于 250mL 碘量瓶中，准确加入 25.00mL 高碘酸溶液，盖好瓶塞，摇匀，于室温放置 30min，然后加入 10mL 20%碘化钾溶液，析出的碘用 0.1mol/L 硫代硫酸钠标准溶液滴定，当溶液呈淡黄色时，加 2mL 0.5%的淀粉指示剂，继续滴定至蓝色刚好消失即为终点。同样条件下进行空白试验。

根据实验结果计算试样中乙二醇含量。

$$w_{乙二醇}=\frac{(V_0-V)cM}{m_s}\times 100\%$$

五、技术关键

若试样所消耗硫代硫酸钠标准溶液体积少于空白实验的 80%，说明试样量太大，高碘酸量不足，应重做。

任务二　酸度测定

一、酸碱度测定原理

样品经过适当处理，使存在其中的酸或碱转移到水或与有机溶剂的混合液中，在合适的指示剂存在下，用规定浓度的碱标液或酸标液滴定，可测出样品的酸度和碱度。

二、仪器

① 微量滴定管（图 4-1）。

② 滴定管。

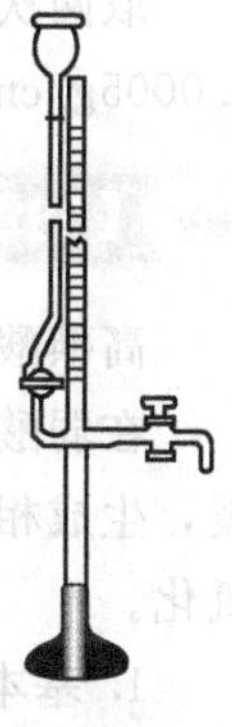

图 4-1　微量滴定管

三、试剂与试样

① NaOH　0.1mol/L。

② 酚酞　0.1%乙醇溶液。

四、实验步骤

1. 水溶性样品的酸度

取 100mL 无二氧化碳的水，加入规定的指示剂，用规定的碱标准滴定溶液中和，酚酞作指示剂，达到终点后，指示剂终点颜色应至少保持 30s。加入规定量的样品（液体样品加入量不大于 30mL），用规定的碱标准滴定溶液滴定，达到终点时，指示剂终点颜色应至少保持 30s。

水溶性样品的酸度以 H^+ 质量摩尔浓度 b 计，单位 mmol/g。

$$b_{H^+}=\frac{Vc}{m_s}$$

2. 非水溶性样品的酸度

取 100mL 无二氧化碳的水，加入规定的指示剂，用规定的碱标准滴定溶液中和，酚酞作指示剂，达到终点后，指示剂终点颜色应至少保持 30s。加入规定量的样品，在分液漏斗中振摇 3min，静置分层，分出 50mL 水相，用规定的碱标准滴定溶液滴定，达到终点时，指示剂终点颜色应至少保持30s。计算公式：

$$b_{H^+} = \frac{2Vc}{m_s}$$

任务三 物 性 检 验

一、沸程测定

按照GB/T 615—2006沸程测定通用方法进行。热源采用电炉，测量温度计采用150～220℃刻度值、分度值为0.1℃的棒状玻璃温度计，开始加热，调节升温速度。记录观测温度及沸程范围内馏出物的体积。记录初馏点的观测温度t_1后，以后可每馏出10mL馏出物记录一次温度。当馏出物总量达到90mL时，调节加热速度，使被蒸物在3～5min内达到终馏点，即温度读数上升至最高点又开始显出下降趋势时，立即停止加热。

结果进行温度和大气压校正。

二、密度测定

按照标准GB/T 611—2006密度测定通用方法进行（见学习情景一中的任务三密度测定）。采用密度瓶法测定，将密度瓶洗净并干燥，带温度计（或瓶塞）及侧孔罩称量，然后取下温度计（或瓶塞）及侧孔罩，用新煮沸并冷却至15℃左右的水充满密度瓶，将密度瓶置于（20.0±0.1）℃的恒温水浴中，至密度瓶中液体温度达到20℃，取出密度瓶，用滤纸擦干其外壁上的水，立即称量。用样品代替水重复操作。

$$\rho = \frac{m_{样}}{m_{水}} \times 0.99820$$

取两次平行测定结果的算术平均值为测定结果，两次平行测定结果的绝对差值不大于0.0005g/cm³。

【知识链接】

高碘酸氧化法

在弱酸性介质中，高碘酸能定量地氧化位于相邻碳原子上的羟基。氧化结果，碳链断裂，生成相应的羰基化合物和羧酸。一元醇或羟基不在相邻碳原子上的多羟醇等均不被氧化。

1. 基本原理

试样中加入一定量且过量的高碘酸，氧化反应完全后，加入碘化钾溶液，剩余的高碘酸和反应生成的碘酸被还原析出碘，用硫代硫酸钠标准溶液滴定，同时做空白试验。由空白滴定与试样滴定之差值即可算出试样中α-多羟醇含量。以乙二醇、丙三醇测定为例。其反应过程如下：

氧化
$$\begin{array}{l} CH_2{-}OH \\ | \\ CH_2{-}OH \end{array} + HIO_4 \longrightarrow 2HCHO + HIO_3 + H_2O$$

$$\begin{array}{l} CH_2{-}OH \\ | \\ CH{-}OH \\ | \\ CH_2{-}OH \end{array} + 2HIO_4 \longrightarrow 2HCHO + HCOOH + 2HIO_3 + H_2O$$

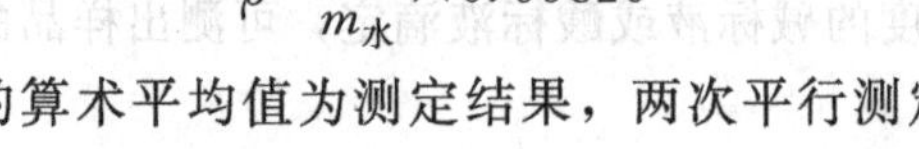

还原 $HIO_4 + 7KI + 7H^+ \longrightarrow 4I_2 + 7K^+ + 4H_2O$

$$HIO_3 + 5KI + 5H^+ \longrightarrow 3I_2 + 5K^+ + 3H_2O$$

滴定 $$I_2 + 2Na_2S_2O_3 \longrightarrow 2NaI + Na_2S_4O_6$$

从上述反应看出，1molHIO_4 产生 1molHIO_3，少析出 1molI_2，断一个碳-碳键消耗 1mol 高碘酸，相当于 1mol 碘，相当于 2mol$Na_2S_2O_3$，所以，在乙二醇与高碘酸的反应中，1mol 乙二醇与 2mol$Na_2S_2O_3$ 相当。

$$n_{\frac{1}{2}\text{乙二醇}} = n_{Na_2S_2O_3}$$

同理，丙三醇的测定反应中的化学计量关系为：丙三醇∽$2HIO_4$∽$2I_2$∽$4Na_2S_2O_3$。

$$n_{\frac{1}{4}\text{丙三醇}} = n_{Na_2S_2O_3}$$

2. 测定条件

① 高碘酸溶液可选用高碘酸（$M_{HIO_4 \cdot H_2O}=227.94$）、高碘酸钾（$M_{KIO_4 \cdot H_2O}=230.02$）或高碘酸钠（$M_{NaIO_4 \cdot H_2O}=213.89$）配制。其中高碘酸钠溶解度大，易纯制，故更为多用。配制高碘酸盐的稀硫酸溶液，常用浓度为 0.025～0.05mol/L，稀硫酸浓度为 0.05mol/L 或 0.1mol/L。

② 要求在滴定时，滴定试样消耗硫代硫酸钠标准溶液的体积必须超过空白试验消耗量的 80%，以保证有足够的高碘酸，使氧化反应完全，如仅为空白试验所消耗的 75%，则表明所有的高碘酸已全部消耗。此时应该减小试样称量或增加高碘酸用量，重新测定。

③ 酸度 pH=4 左右，反应温度宜在室温或低于室温，否则对氧化反应速率等有影响，温度较高时，会导致生成的醛或酸被进一步氧化等副反应，如 $t>55$℃时，甲醛会消耗高碘酸。当反应生成物是甲醛或甲酸时，这些化合物在室温下也会逐渐缓慢地氧化，造成测定误差。

④ 反应需静置 30～90min。乙二醇、丙三醇等多数化合物 30min，羟基酸（如酒石酸）、糖（如葡萄糖）、甘露醇、环氧乙烷等常需 60～90min。

⑤ 非水溶性试样可以用三氯甲烷溶解或稀释。

能力测评

1. 羟基化合物分哪几种类型？测定常量情境化合物有哪些方法？各种方法的适用范围如何？

2. 高碘酸氧化法中，测定条件如何控制？

3. 高碘酸氧化法为什么要求在滴定时，滴定试样消耗硫代硫酸钠标准溶液的体积必须超过空白试验消耗量的 80%？

学习情境五

甲醛检验

【任务描述】

甲醛，又名蚁醛；常温下是一种无色、具有强烈刺激性的气体，易溶于水、醇和醚。由于甲醛易制备、用途广、价格低，因此广泛用于化工合成、食品加工、纺织印染、装修、建材加工等领域，被列为十大化工原料之一。任务一对试剂甲醛检测用于确定产品等级。

甲醛是较高毒性的物质，在我国有毒化学品优先控制名单上甲醛高居第二位。甲醛已经被世界卫生组织确定为致癌和致畸形物质。但甲醛与人们日常生活却息息相关，对水体甲醛、室内甲醛、纺织品甲醛检验，关系到人们生命和环境的安全。任务二对水体甲醛进行测定。国家标准规定，甲醛为第二类污染物，一级、二级、三级标准水体中最高允许排放浓度分别为 1.0mg/L，2.0mg/L，5.0mg/L，判定是否超标。

生活中涉及的甲醛如图 5-1 所示。

身边甲醛潜在危害

纺织品中甲醛超标

水体甲醛监测

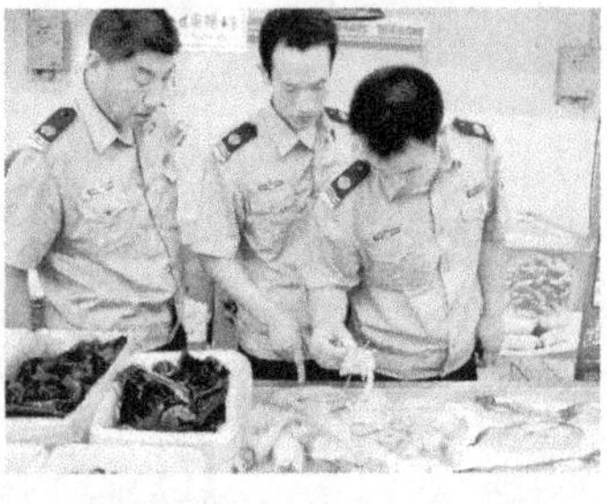

黑心商家用福尔马林浸泡水产品

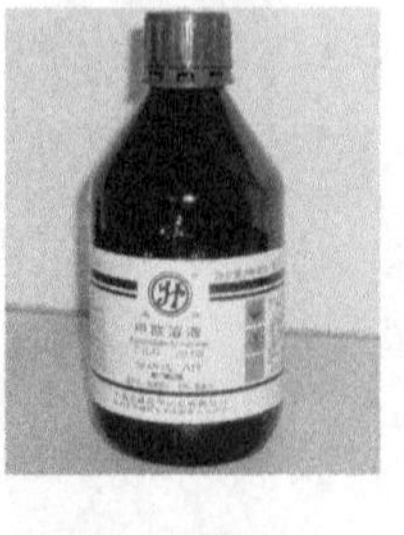

十大化工原料之一

劣质牙膏含微量甲醛

图 5-1 生活中的甲醛

任务一　甲醛含量测定——亚硫酸钠法

一、实验原理

甲醛与亚硫酸钠作用，生成羟基磺酸钠，释出的氢氧化钠，立即被所加入的硫酸中和，反应过程如下：

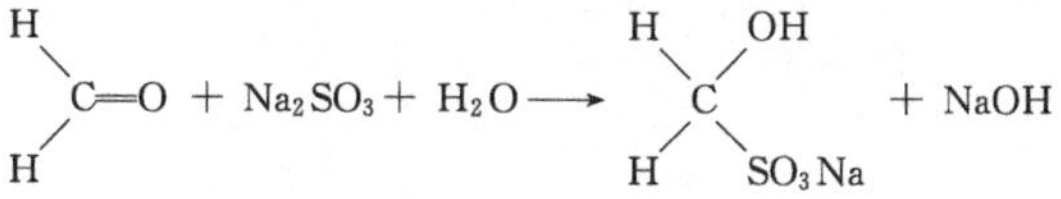

滴定　$2NaOH + H_2SO_4 \longrightarrow Na_2SO_4 + 2H_2O$

二、仪器

① 酸式滴定管 50mL。

② 干燥管　内装碱石灰带胶塞，其大小与锥形瓶配套。

③ 调压电炉。

三、试剂与试样

① 亚硫酸钠溶液 126g/L。

② 硫酸标准溶液　$c_{1/2H_2SO_4} = 1mol/L$。

③ 百里香酚酞　1g/L。

④ 试样 甲醛溶液。

四、实验步骤

1. 甲醛含量测定

量取 50mL 126g/L 亚硫酸钠溶液，置于 250mL 锥形瓶中，加 3 滴百里香酚酞指示液，用硫酸标准溶液（$c_{1/2H_2SO_4} = 1mol/L$）滴定至无色。称取 3.2g（3mL）试样，精确至 0.0001g，置于上述溶液中，摇匀，用硫酸标准滴定溶液（$c_{1/2H_2SO_4} = 1mol/L$）滴定至溶液由蓝色变为无色。

甲醛含量按下式计算：

$$甲醛含量 = \frac{c_{1/2H_2SO_4} VM}{m} \times 100\%$$

2. 色度测定

量取 50mL 试样，注入 50mL 比色管中，按 GB 605 之规定测定，学习情境三中已介绍。

3. 灼烧残渣

量取 37mL（40g）试样，按照学习情境三中规定进行测定，保留残渣用于铁、铅的测定。

4. 酸度

量取 100mL 无二氧化碳的水，加两滴 10g/L 酚酞指示液，用氢氧化钠标准滴定溶液（$c_{NaOH} = 0.1mol/L$）滴定至溶液呈粉红色，并保持 30s。加 18.5mL（20g）试样，用氢氧化钠标准滴定溶液（$c_{NaOH} = 0.1mol/L$）滴定至溶液呈粉红色，并保持 30s。

五、技术关键

① 加成后生成的羟基磺酸钠在溶液中呈弱碱性，当过量硫酸被完全中和时，溶液的 pH 值大都在 9.0～9.5 之间。所以，选用酚酞或百里酚酞作指示剂。

② 溶液中由于有过量的亚硫酸钠和反应生成的羟基磺酸钠存在，使溶液呈缓冲性，致使指示剂颜色变化不明显，终点较难掌握，注意终点前半滴操作。

③ 试样中若含有酸性或碱性基团，对测定有干扰时，可另取试样测定出酸或碱的含量加以校正。试剂亚硫酸钠中含有少量游离碱，应该用酸预先中和或通过空白试验进行校正。

任务二　水质甲醛的测定——乙酰丙酮分光光度法

一、实验原理

1. 测定原理

甲醛在过量铵盐存在下，与乙酰丙酮生成黄色的化合物，该有色物质在414nm波长处有最大吸收。有色物质在3h内吸光度基本不变。

$$H-\overset{O}{\overset{||}{C}}-H + NH_3 + 2(CH_3-\overset{O}{\overset{||}{C}}-CH_2-\overset{O}{\overset{||}{C}}-CH_3) \longrightarrow CH_3-\overset{O}{\overset{||}{C}}-CH_2-\underset{N}{\diagup\!\diagdown}-CH_2-\overset{O}{\overset{||}{C}}-CH_3 + 3H_2O$$

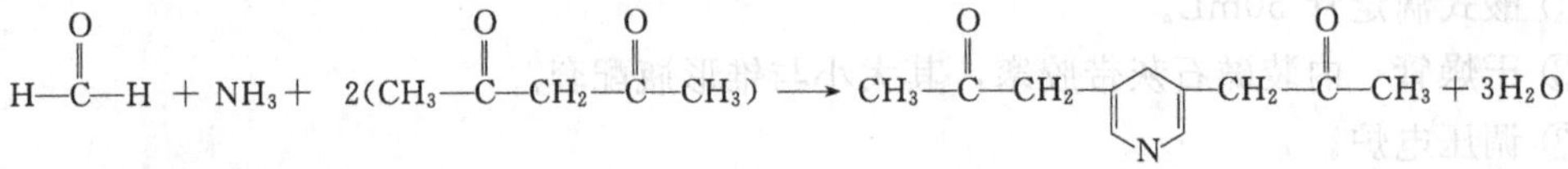

2. 甲醛储备液标定原理

甲醛可被次碘酸钠（$I_2 + NaOH$）溶液定量氧化，反应完全后，用硫代硫酸钠测定过量的碘，即可求出被测物的含量。此方法常用于测定水溶液中少量甲醛或丙酮的含量。

$$HCHO + NaOI + NaOH \Longrightarrow HCOONa + NaI + H_2O$$
$$2Na_2S_2O_3 + I_2 \Longrightarrow 2NaI + Na_2S_4O_6$$

二、仪器

① 全玻璃蒸馏器 500mL。
② 恒温水浴。
③ 分光光度计。

三、试剂与试样

① 氢氧化钠 $c_{NaOH} = 1mol/L$。
② 硫酸溶液 $c_{1/2H_2SO_4} = 1mol/L$。
③ 硫酸溶液 6mol/L。
④ 碘溶液 $c_{1/2I_2} = 0.05mol/L$。
⑤ 乙酰丙酮溶液 75g 无水乙酸铵溶于约200mL水中，加入1.0mL乙酰丙酮和1.5mL冰醋酸，用水稀释至500mL混匀。
⑥ 重铬酸钾基准物质。
⑦ 淀粉指示剂 10g/L。
⑧ 硫代硫酸钠标准溶液 $c_{Na_2S_2O_3} = 0.05mol/L$。
⑨ 甲醛标准储备液 $\rho_{HCHO} = 1mg/mL$。
⑩ 甲醛工作溶液 $\rho_{HCHO} = 0.01mg/mL$。

四、实验步骤

1. 甲醛标准储备液配制标定（$\rho_{HCHO} \approx 1mg/mL$）

配液：吸取2.8mL甲醛试剂（甲醛含量为36%～38%），用水稀释至1000mL，摇匀。配制好的溶液置4℃冷藏可保存半年，临用前标定。

标定：移取20.00mL甲醛标准储备液于250mL碘量瓶中，加入50.0mL碘溶液，加入

15mL 氢氧化钠溶液摇匀，放置 15min。加 20mL 硫酸溶液，摇匀，再放置 15min。以硫代硫酸钠标准溶液进行滴定，滴至溶液呈淡黄色时，加 1mL 淀粉指示剂。继续滴定至蓝色刚好褪去，记下用量 V。

同时，准确移取 20.00mL 水代替甲醛标准储备液按同法进行空白实验，记下硫代硫酸钠标准溶液用量 V_0。

甲醛标准储备液的质量浓度计算式：

$$\rho_{HCHO}=\frac{(V_0-V)c_{Na_2S_2O_3}M_{1/2HCHO}}{20.00}$$

2. 甲醛标准使用溶液（$\rho_{HCHO}\approx 0.01$mg/mL）

在容量瓶中将甲醛标准储备液 1mg/mL 逐级用水稀释成每毫升含 10μg 甲醛的标准使用溶液。临用时配制。

3. 试样的制备

移取 100.00mL 试样于蒸馏瓶内，加 15mL 水，加 3～5mL 浓硫酸及数粒玻璃珠，用 100mL 容量瓶接收馏出液。待蒸出约 95mL 馏出液时，调节加热温度，降低蒸馏速度，直到馏出液接近 100mL 时，取下接收瓶，用水稀释至标线，摇匀备用。

注：①在试样预蒸馏时，向试样中加入 15mL 水，防止有机物含量高的水样在蒸馏至最后时，有机物在硫酸介质中发生炭化现象而影响甲醛的测定。

② 对某些不适于在酸性条件蒸馏的特殊水样，例如含氰化物较高的废水或染料废水、制漆废水等，可用 1mol/L 氢氧化钠溶液先将水样调至弱碱性（pH=8 左右），进行蒸馏。

4. 测定

分别移取甲醛工作溶液 0mL、1.00mL、2.00mL、6.00mL、10.00mL、16.00mL 于 50mL 容量瓶中，再分别加入 5.0mL 乙酰丙酮试剂，混匀定容。将容量瓶置于 (60±1)℃ 水浴锅中反应 15min 后，取出冷却至室温。用 1cm 的比色池，以空白溶液调零，于 414nm 处测定系列标准溶液的吸光度。

以吸光度为纵坐标、甲醛含量（μg）为横坐标绘制标准曲线。

样品的测定：移取 20.0mL 上清液于 50mL 容量瓶中，加入 15.0mL 乙酰丙酮试剂，混匀。将容量瓶置于 (60±1)℃水浴锅中反应 15min 后，取出冷却至室温。用 1cm 的比色池，以空白溶液调零，于 414nm 处测定系列标准溶液的吸光度。根据标准曲线计算水样中甲醛含量。

$$\rho_{HCHO}=\frac{W}{V}$$

式中 ρ_{HCHO}——样品中甲醛质量浓度，mg/L；

W——从标准曲线上查得计算的甲醛量，μg；

V——试样的体积，mL。

【知识链接】

一、羰基化合物测定方法概述

测定羰基化合物的方法主要有基于加成反应的亚硫酸氢钠法；基于醛易被氧化性质的次碘酸钠氧化法；基于缩合反应的肟化法。测定混合羰基化合物可采用气相色谱法；测定微量羰基化合物可采用分光光度法，常用 2,4-二硝基苯肼法，羰基化合物在乙酸-盐酸介质中，与 2，4-二硝基苯肼反应生成棕黄色 2，4-二硝基苯腙，2，4-二硝基苯腙在碱性介质中转变为酒红色，在 445nm 处进行分光光度法测定，国家标准中有机化工产品中微量羰基化合物测定就采用此方法。

二、亚硫酸钠法

1. 测定原理

亚硫酸钠法基于醛或甲基酮加成反应进行，该法适用于醛和甲基酮的测定。

醛或甲基酮与过量的亚硫酸氢钠反应，生成 α-羟基磺酸钠和氢氧化钠。用硫酸标准滴定溶液滴定生成的氢氧化钠，即可求出醛或甲基酮的含量。测定工业甲醛溶液就是采用这种方法。也可以先加入过量的硫酸标准溶液，反应完成后再用氢氧化钠标准溶液滴定剩余的硫酸。

$$\begin{array}{c} R \\ | \\ C{=}O \\ | \\ H \\ (CH_3) \end{array} + Na_2SO_3 + H_2O \longrightarrow \begin{array}{c} R \quad OH \\ \diagdown \diagup \\ C \\ \diagup \diagdown \\ H \quad SO_3Na \\ (CH_3) \end{array} + NaOH$$

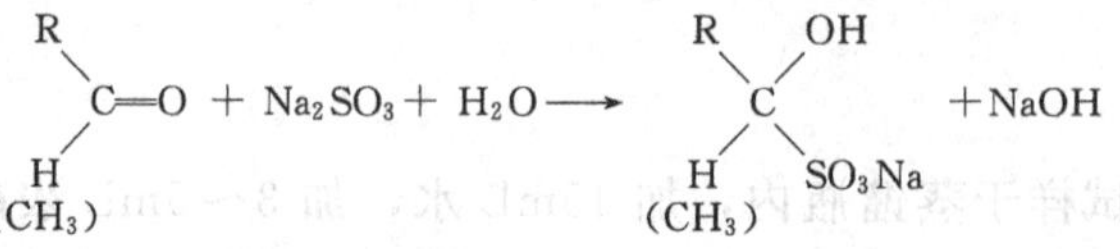

$$2NaOH + H_2SO_4 \longrightarrow Na_2SO_4 + 2H_2O$$

根据反应方程式找出醛或甲基酮与硫酸标准溶液对应关系：$n_{\frac{1}{2}H_2SO_4} = n_{醛基}$。

2. 问题与难点

① 为使反应完全并防止生成的羟基磺酸钠水解，试剂要过量 10 倍，温度不能太高，温度高逆反应加快，试样测定时要在室温下进行。

② 不同的醛和甲基酮加成后生成的羟基磺酸钠在溶液中的酸碱强度不尽相同，但是大都呈弱碱性，滴定终点溶液的 pH 值大都在 9.0～9.5 之间。所以，选用酚酞或百里酚酞作指示剂都是恰当的。由于溶液中有过量的亚硫酸钠和反应生成的羟基磺酸钠存在，使溶液显缓冲性，导致指示剂变色不明显，终点难以判断。为了解决这一问题，最好采用标准对照法或电位法确定终点。

对于特定的醛，终点的 pH 基本不变。见表 5-1。已知终点 pH 值后，采用电位滴定法可以直接滴定到该 pH 值即为滴定终点，方法快速简便。

表 5-1　电位滴定终点 pH 值

醛	终点溶液 pH 值范围	称取试样的物质的量/mol	测得物质的物质的量/mol
乙醛	9.05～9.15	0.02458	0.02455(pH=9.1)
丙醛	9.30～9.50	0.02090	0.02085(pH=9.4)
丁醛	9.40～9.50	0.0243	0.0245(pH=9.45)
苯甲醛	8.85～9.05	0.0164	0.0163(pH=8.95)

三、次碘酸钠氧化法

甲醛可被次碘酸钠（$I_2 + NaOH$）溶液定量氧化，丙酮和具有 $CH_3CO—$结构的醛或酮（如丙酮酸）与次碘酸钠发生碘仿反应。

$$I_2 + 2NaOH \longrightarrow NaI + NaOI + H_2O$$

$$HCHO + NaOI + NaOH \longrightarrow HCOONa + NaI + H_2O$$

$$CH_3COCH_3 + 3I_2 + 4NaOH \longrightarrow CHI_3 + CH_3COONa + 3NaI + 3H_2O$$

$$CH_3COCOOH + 3I_2 + 5NaOH \longrightarrow CHI_3 + (COONa)_2 + 3NaI + 4H_2O$$

反应完全后，用硫代硫酸钠标准溶液测定过量的碘，即可求出被测物的含量。此方法常用于测定水溶液中少量甲醛或丙酮的含量。

以甲醛反应为例由反应方程式找出甲醛与硫代硫酸钠对应关系：$n_{\frac{1}{2}甲醛} = n_{Na_2S_2O_3}$。

拓展任务　　　　　丙酮含量测定——盐酸羟胺肟化法

一、原理

先将盐酸羟胺和过量的碱溶液制成游离羟胺溶液，在吡啶存在下与羰基化合物发生肟化反应，再用盐酸标准溶液回滴过量的羟胺，同时做空白试验。

$$H_2NOH \cdot HCl + NaOH \longrightarrow H_2NOH + H_2O + NaCl$$

$$\begin{array}{c} CH_3 \\ | \\ C=O \\ | \\ CH_3 \end{array} + H_2NOH \longrightarrow \begin{array}{c} CH_3 \\ | \\ C=NOH \\ | \\ CH_3 \end{array} + H_2O$$

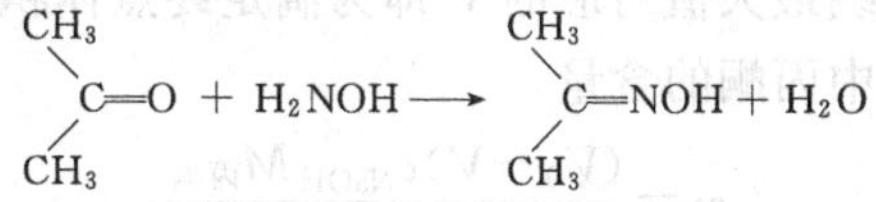

$$H_2NOH + HCl \longrightarrow H_2NOH \cdot HCl$$

二、仪器

① 磁力搅拌器。

② 酸度计　PHS-3C 型。

③ 玻璃电极。

④ 甘汞电极。

⑤ 酸滴定管　50mL。

三、试剂与试样

① 盐酸羟胺溶液（0.5mol/L）称取 35g 盐酸羟胺溶于 160mL 水中，以 95％乙醇稀释至 1000mL。

② 中性乙醇　取 95％乙醇 500mL，加 1 滴酚酞指示剂，加 0.2mol/L 氢氧化钠调至中性。

③ 氢氧化钠乙醇液 0.2mol/L　称取 9g 氢氧化钠溶于少量水中，用 95％中性乙醇稀释至 1000mL。

④ 溴酚蓝指示剂　0.4％乙醇液。

⑤ 盐酸标准溶液　0.2mol/L。

⑥ 缓冲溶液（pH＝6.86）称取磷酸氢二钠 11.9g 溶于 1L 水中，此溶液为甲液。称取磷酸二氢钾 9.08g 溶于 1L 水中，此溶液为乙液，将 52.5mL 甲液和 47.5mL 乙液混合。

⑦ 试样　丙酮。

四、实验步骤

1. 酸碱滴定

准确吸取 25.00mL 盐酸羟胺乙醇液和 25.00mL 氢氧化钠乙醇液于 150mL 烧杯中并摇匀，用减量法精确称取 0.2～0.25g 丙酮于上述混合溶液中，摇匀后盖上表面皿，于室温下放置 30min 后，加 2 滴溴酚蓝指示剂，用盐酸进行滴定，同时做空白试验。

2. 进行电位滴定（步骤同前）

① 装好电位滴定装置，并调试好仪器。开启磁力搅拌器，以 0.2mol/L 盐酸标准溶液滴定。开始滴定时可以每加 1～2mL 记录一次 pH，当溶液由深蓝色变浅蓝色后，每加 0.5mL 记录一次 pH 值，当溶液由浅蓝色变为绿黄色后，每滴加 0.2mL 记录一次 pH 值，溶液变黄后继续按每滴加 0.2mL 记录一次 pH 值，再记录 5 次后停止滴定，将滴定记录的数据填

入下表中。同时进行空白试验。

② 数据记录

试样质量/g	c_{HCl}/(mol/L)	V_{HCl}/mL	pH	ΔpH	ΔV/mL	ΔpH/ΔV

③ 结果处理。终点体积的确定用一次微商法确定。以 V_{HCl} 为横坐标，以 $\Delta pH/\Delta V$ 为纵坐标绘制一次微商曲线，曲线最大值对应的 V 即为滴定终点体积。

根据实验结果计算试样中丙酮的含量。

$$w=\frac{(V_0-V)c_{NaOH}M_{丙酮}}{m}$$

五、技术关键

① 肟化反应需于室温放置 30min 后，才能反应完全。

② 以溴酚蓝作指示剂，滴定终点颜色由蓝变黄，但不是突变，而是经过由蓝-蓝绿-绿黄-黄几个渐变过程，操作时以此作参考，小心地滴定和观察。要对样品试验与空白试验的终点颜色进行比较，以求一致。

③ 为使肟化反应完全，一般必须使用过量 100％的试剂。乙醇可增加试样的溶解度，加快反应速率。

④ 滴定过程中，可记录 E 值，求出二次微商 $\Delta^2E/\Delta V^2$，二次微商等于“零”时即为终点，此点位于二次微商值出现相反符号所对应的两个体积间。

例：如 $V=24.30mL$　　$\Delta^2E/\Delta V^2=440$

　　$V=24.40mL$　　$\Delta^2E/\Delta V^2=-590$

$$V_{终}=24.30+\frac{440}{440+590}\times0.10=24.34mL$$

【知识链接】

一、羟胺肟化法

1. 原理

过量的盐酸羟胺在有吡啶存在下，与醛和酮发生肟化反应。反应释出的盐酸与吡啶生成盐酸盐，待反应完全后，通过测定反应生成的酸或水来求出醛或酮的含量。常量分析中，通常利用酸碱滴定测定反应生成的酸，即可对醛或酮进行定量分析。

$$>C{=}O+H_2N{-}OH\cdot HCl \rightleftharpoons >C{=}N{-}OH+HCl+H_2O$$

$$NaOH+HCl \longrightarrow NaCl+H_2O$$

2. 吡啶作用

为使反应完全，通常加热吡啶（有机弱酸）与生成的盐酸生成吡啶盐酸盐，相当于把生成的酸移走，降低产物的浓度，抑制逆反应发生。

$$C_5H_5N+HCl \longrightarrow C_5H_5N\cdot HCl$$

3. 指示剂确定

当肟化反应完全后，反应液中存在两种强酸弱碱盐——羟胺盐酸盐和吡啶盐酸盐。由于吡啶（$K_b=2.3\times10^{-9}$）是比羟胺（$K_b=1.0\times10^{-8}$）更弱的碱，当用氢氧化钠标准溶液滴定时，吡啶盐酸盐首先被中和，化学计量点溶液的 pH 由羟胺盐酸盐决定（pH＝3.8～4.1），当用氢氧化钠标准溶液滴定时，应选用溴酚蓝（变色范围 pH＝3.0～4.6），由黄色变为蓝绿色即为终点。

4. 反应条件

为使肟化反应进行完全，试剂通常要过量50%～100%，反应在乙醇介质中进行，增加试样的溶解度，加快反应速率。在室温条件下在乙醇溶剂中放 30min 即可反应完全。

5. 滴定终点确定

由于终点构成缓冲体系，使终点颜色变化不明显，必须同时做空白实验以对照终点颜色。为提高测定的准确程度，采用电位法确定终点，现已列入国家标准。

6. 分析结果

计算公式如下。

$$\text{醛或酮含量}=\frac{(V-V_0)c_{\text{NaOH}}M}{nm}\times100\%$$

$$\text{羰基含量}=\frac{(V-V_0)c_{\text{NaOH}}\times28.01}{m}\times100\%$$

式中　M——试样的摩尔质量，g/mol；

28.01——羰基的摩尔质量，g/mol；

m——试样的质量，g；

n——醛或酮分子中所含羰基的个数。

7. 滴定方式选择

羟胺肟化法也采用返滴定的方式，先将盐酸羟胺和过量的碱溶液制成游离羟胺溶液，在吡啶存在下与羰基化合物发生肟化反应，再用盐酸标准溶液回滴过量的羟胺，同时做空白试验。此方法使羟胺先游离出来，使肟化反应更易达到定量的程度。

$$H_2NOH\cdot HCl+NaOH \longrightarrow H_2NOH+H_2O+NaCl$$

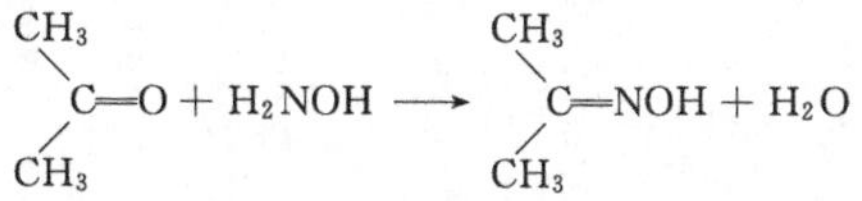

$$H_2NOH+HCl \longrightarrow H_2NOH\cdot HCl$$

二、羰基化合物测定方法

测定羰基化合物的方法主要有基于加成反应的亚硫酸氢钠法；基于醛易被氧化性质的次碘酸钠氧化法；基于缩合反应的肟化法。测定混合羰基化合物可采用气相色谱法；测定微量羰基化合物可采用分光光度法，常用 2,4-二硝基苯肼法，羰基化合物在乙酸-盐酸介质中，与 2,4-二硝基苯肼反应生成棕黄色 2,4-二硝基苯腙，2,4-二硝基苯腙在碱性介质中转变为酒红色，在 445nm 处进行分光光度法测量。国家标准中有机化工产品中微量羰基化合物测定就采用此方法。

能力测评

1. 测定羰基有哪些方法？试述各法的原理及应用范围。
2. 羟胺法测定羰基有哪些影响因素？如何提高测定的准确度？
3. 用中性亚硫酸钠法测定甲醛溶液含量。若此甲醛溶液浓度约为 37%，密度约为 1.1g/mL，问用浓度为0.5mol/L的HCl溶液滴定，应取多少毫升试样？若测定试样是丁烯醛（含量约为90%），应称取试样多少克？

4. 下列试样的测定应选择何种分析方法？

（1）白酒中总醛（甲醛、乙醛、丙醛、丁醛和糠醛等）的测定；

（2）丙酮中微量丙醛的测定；

（3）甲醛中微量丙酮的测定。

学习情境六

工业用硬脂酸的检验

【任务描述】

硬脂酸化学成分为十八烷酸，化学式 $CH_3(CH_2)_{16}COOH$，工业品为块状或粉状物，呈白色或微黄色，是硬脂酸、软脂酸和油酸的混合物，具有脂肪气味，工业上用动植物油脂在常压（加分解剂）或加压下水解，得到硬脂酸和甘油，经分离、精制得到硬脂酸。用于生产硬脂酸盐，用作塑料增塑剂，也用作化妆品霜剂、乳化剂。

酸值大小可以判断产品中所含酸性物质的量，过高易造成酸败腐蚀，通过皂化值测定可以确定产品中含有未水解酯的量，通过碘值测得工业硬脂酸含有少量不饱和酸的含量，碘值过高，不饱和脂肪酸含量高，易发生聚合反应，不易储存。

任务一　工业硬脂酸酸值测定——碱滴定法

一、实验原理

利用羧基的酸性，可用碱标准溶液进行中和滴定，从而测出羧酸的含量、酸值。

$$RCOOH + KOH \longrightarrow RCOOK + H_2O$$

酸值：中和 1g 试样中的酸性物质所消耗的氢氧化钾的质量（mg）。

相对分子质量较大（碳数大于 10）的羧酸，当用碱溶液溶解时，往往生成胶状溶液，难于用酸滴定。在这种情况下，可用醇作溶剂。

二、仪器

碱式滴定管。

三、试剂与试样

① 氢氧化钾标准滴定溶液 $c_{KOH}=0.2mol/L$。

② 酚酞指示液，10g/L 乙醇溶液。

③ 95%乙醇。

四、实验步骤

① 量取 150mL、95%乙醇于锥形瓶中，加 6～10 滴酚酞指示液，以 $c_{KOH}=0.2mol/L$ 氢氧化钾标准滴定溶液滴定至微红色，备用。

② 称取硬脂酸样品 1g（精确至 0.0002g），置于 250mL 锥形瓶中，加入约 70mL 中和过的 95%乙醇，在水浴上加热使其溶解。剩余的乙醇作为滴定终点的比色标准。

③ 用氢氧化钾标准滴定溶液滴定试样的乙醇溶液，直至与标准颜色相同，保持 30s 不

褪色为终点。

五、测定结果

$$酸值=\frac{cV\times 56.11}{m}(mgKOH/g)$$

式中 c——氢氧化钾标准滴定溶液浓度，mol/L；

V——滴定耗用氢氧化钾标准滴定溶液的体积，mL；

m——试样的质量，g；

56.11——KOH 的摩尔质量，g/mol。

平行测定结果的允许差为 0.5。

任务二　工业硬脂酸皂化值的测定——皂化回滴法

一、实验原理

工业硬脂酸含有少量未水解的酯，酯在碱性溶液中的水解反应称为皂化反应，酯的皂化反应速率较慢，可利用皂化回滴法测定酯的含量。试样中加入过量的碱溶液皂化后，再用酸标准溶液滴定过量的碱。

$$RCOOR'+KOH \longrightarrow RCOOK+R'OH$$

$$KOH+HCl \longrightarrow KCl+H_2O$$

由空白滴定和试样滴定的差值，即可计算出酯消耗碱的物质的量，从而计算出酯的含量。在生产实际应用中，测定结果常用皂化值和酯值表示。

二、仪器

① 酸式滴定管　50mL。

② 回流装置。

三、试剂与试样

① 盐酸标准滴定溶液 $c_{HCl}=0.5$mol/L。

② 酚酞指示液，10g/L 乙醇溶液。

③ 中性乙醇（对酚酞呈微红色）。

④ 氢氧化钾-乙醇溶液 $c_{KOH}=0.5$mol/L　称取 33g 氢氧化钾，溶于 30mL 水中，用无醛乙醇或分析纯乙醇稀释至 1000mL，摇匀，放置 24h，取清液使用。

四、实验步骤

① 称取 2g 样品（精确至 0.0002g），置于 250mL 酯化瓶中。准确加入 50.00mL 氢氧化钾-乙醇溶液。装上回流冷凝管，在水浴上维持微沸状态回流 1h，勿使蒸气逸出冷凝管。

② 取下冷凝管，用 10mL 中性乙醇冲洗冷凝管的内壁和塞的下部，加 1mL 酚酞指示液，用 $c_{HCl}=0.5$mol/L 盐酸标准滴定溶液滴定剩余的氢氧化钾，至溶液的粉红色刚好褪去为终点。

③ 在同样条件下做一空白试验。

五、结果计算

$$皂化值=\frac{c(V_0-V)\times 56.11}{m}$$

$$酯值=皂化值-酸值$$

式中　56.11——KOH 的摩尔质量，g/mol。

平行测定结果的允许差为 0.5。工业硬脂酸中含有少量未水解的酯类，故测得的皂化值比酸值略高一些。一般酯值在 1～2mg/g 试样。

任务三　工业硬脂酸碘值测定——韦氏法

一、原理

工业硬脂酸中的少量不饱和酸（主要是十八烯酸 $C_{17}H_{33}COOH$）与氯化碘发生加成反应，过量的氯化碘以碘化钾还原，生成的碘用硫代硫酸钠标准溶液滴定。

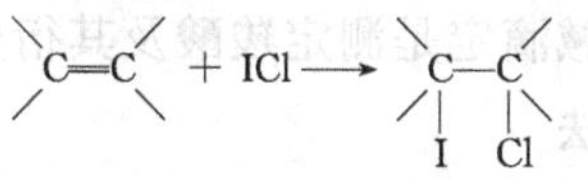

$$KI+ICl = I_2+KCl$$

$$2Na_2S_2O_3+I_2 = 2NaI+Na_2S_4O_6$$

二、仪器

① 碘量瓶　500mL（完全干燥）。

② 棕色滴定管 50mL。

③ 气流烘干机。

三、试剂与试样

① 氯化碘溶液 $c_{ICl}=0.1mol/L$。溶解 16.24g 氯化碘于 1000mL 冰醋酸中；或按下法配制：取 13.0g 升华的碘于 1000mL 干燥的烧杯中，分批加入冰醋酸 1000mL，微热使碘完全溶解，转移到棕色瓶中并通入干燥的氯气至溶液由棕色变为橘红色透明为止。

② 碘化钾溶液　150g/L。

③ 溶剂　将环己烷与冰醋酸等体积混合。

④ 硫代硫酸钠标准滴定溶液 $c_{Na_2S_2O_3}=0.1mol/L$。

⑤ 淀粉指示液　10g/L。

四、实验步骤

① 称取干燥的硬脂酸样品 3～6g（精确至 0.0002g），置于 250mL 碘量瓶中，加入环己烷与冰醋酸溶剂 15mL，摇动使样品溶解。

② 用移液管准确加入 25mL 氯化碘溶液，盖塞，充分摇匀。在暗处放置 30min，并不时振摇。

③ 加入 20mL 碘化钾溶液（150g/L）及 100mL 水，摇匀。用硫代硫酸钠标准滴定溶液滴定析出的碘，滴定时注意充分振摇，待溶液变为淡黄色，加 1mL 淀粉指示液，继续滴定至蓝色消失为终点。

④ 在相同条件下做一空白试验。

五、结果计算

试样的碘值按下式计算：

$$碘值=\frac{c(V_0-V)\times 0.1269}{m}\times 100/100g$$

六、技术关键

试样中不饱和化合物含量越高，碘值越大，其称样量应越少，以使氯化碘加入量和硫代硫酸钠标准滴定溶液消耗量在适宜的范围内。对于工业硬脂酸来说，应根据其中十八烯酸含量的多少来确定称样量。一般地，可按称样量$\frac{2.5}{\text{样品碘值}}$(g)，如蓖麻油碘值约为$85gI_2/100g$，称取0.03g样品即可。

【知识链接】

分子中含有羧基—COOH的有机化合物属于羧酸类，羧酸分子中的羟基被其他基团所取代生成的化合物称为羧酸衍生物，如酸酐、酰卤、酯和酰胺等。羧酸衍生物能与水反应生成羧酸及相应的化合物，因此酸碱滴定是测定羧酸及其衍生物的基本方法。

一、羧酸测定——酸碱滴定法

1. 基本原理

利用羧基的酸性，可用碱标准溶液进行中和滴定，从而测出羧酸的含量。

$$RCOOH + KOH \longrightarrow RCOOK + H_2O$$

由于羧酸分子结构的复杂性，没有一个适合于所有羧酸测定的通用方法。根据羧酸酸性的强弱和对不同溶剂的溶解性，选择适当的溶剂和滴定剂，根据滴定突跃范围正确选择滴定指示剂或用电位法确定终点。

2. 滴定方式选择

① 对于有机酸类产品，能溶解于水，主成分的$K_a \geqslant 10^{-8}$，就可以用氢氧化钠标准溶液直接滴定。

一般说来羧酸是弱酸，大多数羧酸的电离常数在$10^{-7} \sim 10^{-4}$之间，凡羧基邻近有吸电子基团（如—Cl、—Br、$—NO_2$等）时，由于诱导效应或共轭效应，使酸性增强，反之，有推电子基团［如$—NH_2$，$—NHCH_3$，$—N(CH_3)_2$等］时，则酸性减弱，而且这些基团距离羧基愈近影响愈大。

② 难溶于水的羧酸，可将试样先溶解于过量的碱标准溶液中，再用酸标准溶液回滴过量的碱。但是相对分子质量较大（碳数大于10）的羧酸，当用碱溶液溶解时，往往生成胶状溶液，难于用酸滴定。在这种情况下，可用乙醇作溶剂。试样用中性乙醇溶解后，用氢氧化钠水溶液或醇溶液进行滴定。

③ 对于不溶于水或酸性太弱，则只能采用“非水滴定法”。一般常用丙酮作非水溶剂，可用氢氧化钠-甲醇溶液滴定，以二甲基甲酰胺作溶剂时，可用甲醇钠-苯溶液滴定。

3. 酸值的测定

在生产实际中，常用碱滴定法来求羧基、羧酸的百分含量和酸值。

酸值是在规定的条件下，中和1g试样中的酸性物质所消耗的氢氧化钾的质量（mg）。根据酸值的大小，可判断产品中所含酸性物质的量。

分析结果计算公式如下。

$$\text{羧基含量} = \frac{Vc \times 45.02}{1000m} \times 100\%$$

$$\text{羧酸含量} = \frac{VcM}{1000nm} \times 100\%$$

$$酸值=\frac{Vc\times 56.01}{m}\times 100\%$$

式中 M——羧酸的摩尔质量，g/mol；

45.02——羧基的摩尔质量，g/mol

m——试样的质量，g；

56.01——氢氧化钾的摩尔质量，g/mol。

4. 终点的确定

指示剂一般可用酚酞，试样的酸性较弱（$K_a=10^{-7}\sim10^{-6}$），则改用百里酚酞作指示剂，如仍用酚酞作指示剂，则在中和90%的酸时就出现了红色，以致造成很大的误差。单一指示剂的变色范围较大，变色不太敏锐，因此在某些滴定中常采用混合指示剂。若滴定终点难以观测或不突变，则应该改用电位法确定终点。

二、酯的测定——皂化回滴法

1. 基本原理

羧酸和醇反应脱水生成酯。在一定条件下酯又可以水解为原来的酸和醇。酯的碱性水解称为皂化，皂化回滴法是让酯与过量的标准碱溶液反应，再用标准酸溶液滴定剩余的标准碱，从而求出酯的含量。

$$RCOOR'+KOH(过量)\longrightarrow RCOOK+R'OH$$

$$2KOH(剩余)+H_2SO_4\longrightarrow K_2SO_4+2H_2O$$

酯的水解是可逆反应，为了加快反应速率并使反应逆行完全，必须加入过量的标准碱。对于易皂化的水溶性酯，可以用氢氧化钠水溶液进行皂化；对于非水溶性的酯，需要采用氢氧化钠或氢氧化钾的乙醇溶液进行皂化。通常利用回流加热装置，待皂化反应完全后，停止加热，进行返滴定。同时做空白试验。

由空白滴定和试样滴定的差值，即可计算出酯消耗的碱的物质的量，从而计算出酯的含量。在生产实际应用中，测定结果常用皂化值和酯值表示。

2. 皂化值的计算

① 皂化值是指在规定条件下，中和皂化1g试样所消耗氢氧化钾的质量（mg），它包括试样中所有与碱反应的物质。

② 酯值是在规定条件下，1g试样中的酯所消耗的氢氧化钾的质量（mg）。它等于皂化值减去酸值。如试样不含游离酸，则皂化值在数值上就等于酯值。测定酯值和酯含量时，如试样含有游离酸等，应先用碱中和，或测定酸值或酸含量后，再进行计算或加以校正。

③ 分析结果计算公式如下。

$$酰基(RCO)含量=\frac{(V_0-V)cM_{RCO}}{1000nm}\times 100\%$$

$$酯含量=\frac{(V_0-V)cM}{1000nm}\times 100\%$$

$$皂化值=\frac{(V_0-V)c\times 56.11}{m}$$

式中 M——酯的摩尔质量，mol/L；

M_{RCO}——酰基的摩尔质量，mol/L；

56.11——氢氧化钾的摩尔质量，g/mol；

n——酯分子中酰基的个数。

若试样中含有游离酸，应加以校正。

$$酸值=\frac{Vc\times 56.11}{m}$$

则 酯值＝皂化值－酸值

此法操作简便快速，广泛应用于食品、油脂等工业。

能力测评

1. 酸值是指（　），酸值愈高，说明试样中（　）含量愈高。

2. 皂化值是指（　）；酯值是指（　）。两者的关系为（　）。

3. 利用皂化反应测定酯一般需要在（　）之后，进行返滴定。

A. 加碱　　B. 加热回流　　C. 加酸　　D. 空白试验

4. 工业硬脂酸中包含哪些化学成分？为什么要测定碘值和皂化值？

5. 测定皂化值和酸值所用的乙醇为什么要预先中和？皂化过程为什么采用回流冷凝装置？

6. 测定一植物油试样的皂化值时，称取 3.727g 样品，用 KOH 乙醇溶液皂化后，用 $c_{1/2H_2SO_4}=$ 0.5100mol/L 硫酸标准滴定溶液返滴定，耗用 20.06mL。同样条件下空白试验消耗硫酸标准滴定溶液 45.20mL。另取该植物油试样测得酸值为 1.50mgKOH/g 试样，求该植物油的皂化值和酯值。

7. 采用皂化返滴定法测定工业丙二酸二甲酯含量。称取试样 1.0120g，加入过量的氢氧化钾乙醇溶液回流皂化后，用 $c_{HCl}=0.5002$mol/L 盐酸标准溶液滴定，耗用 20.26mL。同样条件下空白试验消耗盐酸标准溶液 50.40mL。已测出该试样中丙二酸的含量为 0.11%，求样品中丙二酸二甲酯的质量分数？$M_{丙二酸二甲酯}=132.12$。

拓展任务　乙酸乙酯含量测定——气相色谱法

【任务描述】

乙酸乙酯，无色透明液体，有水果香。陈酒好喝，就是因为酒中所含的少量乙酸和乙醇经长时间反应，生成陈酒香气的乙酸乙酯。传统工业生产就是利用乙酸酯化，因生产成本和环保原因而逐步淘汰，国外大规模生产装置主要是乙醛缩合法和乙醇脱氢法。乙酸乙酯具有优异的溶解性、快干性能，与氯仿、乙醇、丙酮和乙醚混溶，溶于水，是一种用途广泛的精细化工产品。是食用香精、香料的主要原料，非常重要的有机化工原料和极好的工业溶剂。

参照国家标准 GB/T 3728—2007《工业用乙酸乙酯》，采用气相色谱法对乙酸乙酯进行检验。

一、实验原理

试样及其被测组分被汽化后，随载气同时进入色谱柱进行分离，用热导检测器进行检测，以面积归一化法计算测定结果。

二、仪器

① 气相色谱仪　配有热导检测器。

② 恒温箱　能控制温度±1℃。

③ 微处理机或记录仪。

三、试剂与试样

① 固定液　10%聚乙二醇乙二酯。

② 丙酮　工业级。

③ 401有机担体　0.18～0.25mm（60～80目）。

四、试验条件

① 检测器：热传导检测器。

② 载气及流量：氢气，60mL/min。

③ 柱长：2m。

④ 配比，担体：固定液（丙酮为溶剂）＝100∶10。

⑤ 色谱柱的老化，利用分段老化，通载气先于80℃老化2h，逐渐升温至120℃老化2h，再升温至150℃老化2h。

⑥ 柱温度：120℃；汽化室温度：170℃；检测器温度：150℃。

⑦ 进样量：8μL。

⑧ 出峰顺序，水、乙醇、乙酸乙酯。

⑨ 色谱柱有效板高：$H_{\text{eff}} \leqslant 20\text{mm}$；乙酸乙酯不对称因子：$f \leqslant 2.3$。

⑩ 各组分相对主体的相对保留值：$r_{\text{水/乙酸乙酯}}=0.18$；$r_{\text{甲醇/乙酸乙酯}}=0.27$；$r_{\text{乙酸/乙酸乙酯}}=0.42$；$r_{\text{乙酸甲酯/乙酸乙酯}}=0.72$。

⑪ 校正因子：$f_{\text{水/乙酸乙酯}}=0.55$；$f_{\text{甲醇/乙酸乙酯}}=0.66$；$f_{\text{乙酸/乙酸乙酯}}=0.74$。

五、测定过程

① 按仪器操作条件，启动气相色谱仪，同时打开色谱数据处理机或工作站。待仪器稳定后，进行必要的调节，设定载气及流量、柱温度、汽化室温度、检测器温度，使达到仪器的最佳分析条件。

② 进标准试样8μL，测定乙酸乙酯中水、乙醇的质量校正因子。

③ 进试样8μL，测定试样中水、乙醇、乙酸乙酯含量。

六、定量方法

本标准采用面积归一化法，但当样品中只有水和醇存在的情况下，也可采用外标法。

乙酸乙酯色谱如图6-1所示。

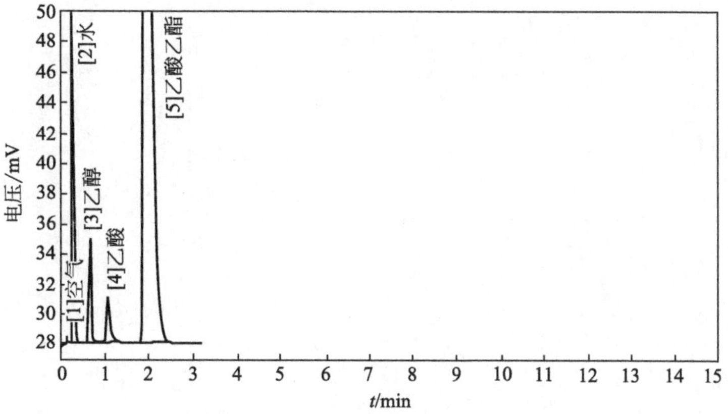

图6-1　乙酸乙酯色谱图

1. 面积归一化法

乙酸乙酯中各组分的含量按下式计算。

$$w_i=\frac{f_iA_i}{\sum(f_iA_i)}\times 100$$

式中 w_i——以质量分数表示的组分 i 的含量，%；

f_i——组分 i 的校正因子；

A_i——组分 i 的峰面积。

2. 外标法

$$w_i=\frac{w_{标i}A_i}{A_{标i}}\times 100$$

式中 w_i——试样中组分 i 的质量分数，%；

$w_{标i}$——标准混合物中组分 i 的质量分数；

A_i——组分 i 的峰面积；

$A_{标i}$——标准混合物中组分 i 的峰面积。

七、注意事项

① 工业乙酸乙酯中的各组分均有色谱峰时，才能使用面积归一化法来确定含量。

② 因为乙酸乙酯试样中其他酯类杂质与乙酸乙酯响应值接近，只对水、乙醇的质量校正因子进行校正，其他组分可不予校正。

③ 皂化滴定法测酯含量是可靠的经典化学方法。与化学法相比，色谱法操作方便、省时，而且两种方法的测定结果之差大多不超过 0.2%，所以在通常测定乙酸乙酯或低含量的乙酸乙酯采用色谱法较为方便。

④ 空气中乙酸乙酯最高容许浓度为 0.04%，实验应在通风橱中进行。

⑤ 乙酸乙酯的爆炸极限为 2.2%～11.5%，易与空气形成爆炸混合物，注意室内空气的流通。

能力测评

1. 当乙酸乙酯中有组分未出峰时，应用什么方法定量？
2. 归一化法的适用范围是什么？如何计算各组分的含量？

学习情境七

医药中间体乙酰苯胺检验

【任务描述】

乙酰苯胺，又名退热冰，学名 *N*-苯基乙酰胺，白色有光泽片状结晶或白色结晶粉末，溶于热水、乙醇、乙醚、苯，不溶于石油醚。在空气中稳定，可燃，属低毒类。乙酰苯胺是磺胺类药物的原料，可用作止痛剂、退热剂、抗生素和染料中间体。工业生产由苯胺和乙酸发生乙酰化而得。

参照国家标准 YY/T 0124—1993《药用中间体乙酰苯胺》对产品的乙酰苯胺含量、熔点、苯胺含量进行测定。

乙酰苯胺在制药中的应用如图 7-1 所示。

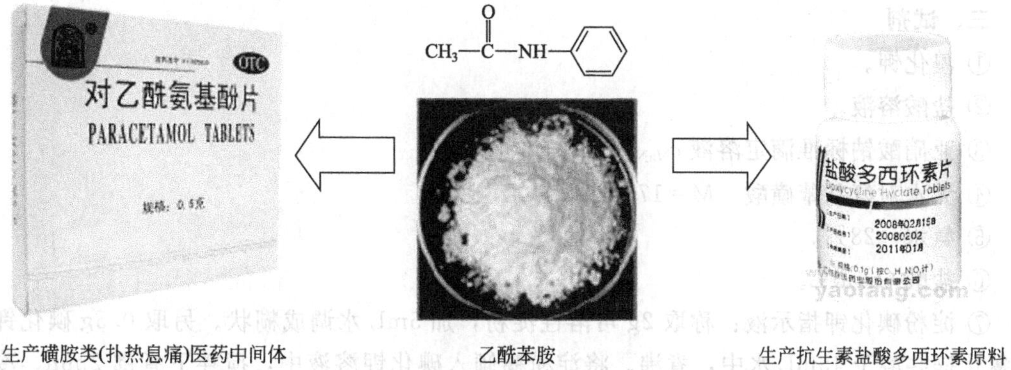

生产磺胺类(扑热息痛)医药中间体　　乙酰苯胺　　生产抗生素盐酸多西环素原料

图 7-1　乙酰苯胺的应用

任务一　乙酰苯胺含量测定——重氮化法

一、原理

将乙酰苯胺在酸性溶液中加热水解出苯胺。苯胺与亚硝酸钠定量地反应生成重氮盐。稍过量的亚硝酸钠溶液使电极去极化，溶液中有电流通过，电流计指针突然偏转不再回复指示滴定终点；或者稍过量的滴定液与淀粉碘化钾外指示剂作用产生蓝色指示滴定终点。以亚硝酸钠标准滴定溶液的消耗量计算出乙酰苯胺的含量。

反应方程式：

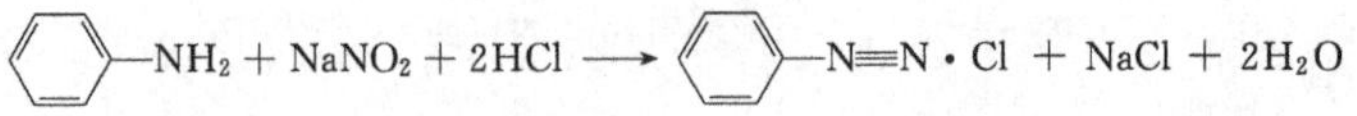

二、仪器

实验所用仪器见图 7-2。

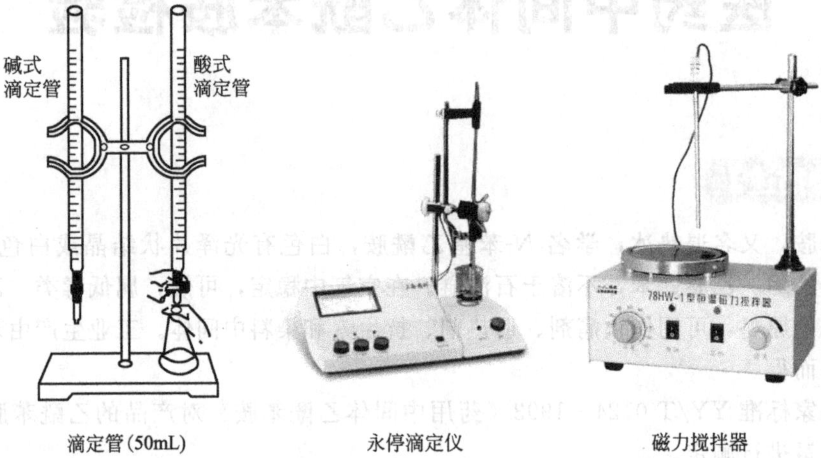

图 7-2 实验用仪器

三、试剂

① 溴化钾。

② 盐酸溶液。

③ 亚硝酸钠标准滴定溶液 $c_{NaNO_2}=0.1mol/L$。

④ 无水对氨基苯磺酸 $M=173.2$。

⑤ 氨水 28%。

⑥ 盐酸 6mol/L。

⑦ 淀粉碘化钾指示液：称取 2g 可溶性淀粉，加 5mL 水调成糊状。另取 0.5g 碘化钾和 1g 氯化锌共溶于 45mL 水中，煮沸。将淀粉糊倾入碘化钾溶液中，搅拌下煮沸 2min，冷却后装入棕色试剂瓶中保存。使用期一周。

四、步骤

1. 0.1mol/L 亚硝酸钠溶液的配制与标定

配制：称取 7.2g 亚硝酸钠，加 0.1g 氢氧化钠或 0.2g 无水碳酸用少量水溶解后，用水稀释至 1000mL 摇匀，备用。

标定：精密称取于 120℃灼烧至恒重的基准无水对氨基苯磺酸 0.5g 于 500mL 烧杯中，加 2mL 氨水溶解后，加 100mL 水、20mL6mol/L 盐酸，搅拌均匀，控制温度在 30℃以下，将装有亚硝酸钠标准溶液的滴定管尖插入液面 2/3 处，在不断搅拌下迅速滴定近终点时，将滴定管尖提出液面，用少量水冲洗，洗液并入滴定液。继续缓缓滴定，至用玻璃棒蘸取少许溶液，点在碘化钾淀粉试纸上，立即出现蓝色斑点时停止滴定，搅拌 3min 后再蘸再试，若仍显蓝色即为终点。根据滴定所消耗亚硝酸钠溶液体积和基准物的质量，计算亚硝酸钠标准溶液的浓度。

$$c_{NaNO_2}=\frac{m}{M_{对氨基苯磺酸}V}$$

2. 乙酰苯胺含量测定

称取 0.3g（精确至 0.0002g）试样置于 250mL 具磨口的锥形瓶中，加入 30mL 盐酸溶液，接上球形冷凝器，加热回流 30min，冷却后用少量水冲洗冷凝器内壁，将溶液全部转移至 250mL 烧杯中，加 70mL 盐酸溶液、5g 溴化钾，加水稀释至 150mL，置磁力搅拌器上搅拌使溴化钾溶解。

① 外指示剂法指示确定终点　将滴定管尖端插入液面下 2/3 处，搅拌下于 10～25℃用亚硝酸钠标准滴定溶液迅速滴定到近终点，将滴定管尖端提出液面，用少量水淋洗，在强烈搅拌下继续缓慢滴定，直至用玻璃棒蘸取少量溶液，立即使淀粉碘化钾指示液显蓝色，搅拌 1～3min 后再试仍显蓝色即为终点。同时做空白实验。

根据实验结果计算乙酰苯胺含量。

$$w_{乙酰苯胺}=\frac{c(V-V_0)M_{乙酰苯胺}}{m}\times 100-1.4514w_{苯胺}$$

式中　$M_{乙酰苯胺}$——乙酰苯胺的相对分子质量，135.2；

1.4514——苯胺换算为乙酰苯胺的系数。

② 永停法指示终点（仲裁法）　将铂-铂电极置于上述反应溶液中，使滴定管尖端插入液面下约 2/3 处，在搅拌下于 10～25℃用亚硝酸钠标准滴定溶液快速进行滴定，近终点时，将滴定管尖端提出液面，用少量水淋洗，然后缓慢滴定，至电流计指针突然偏转并停留 1min 不再回复时为滴定终点，同时做空白实验。

电位滴定示意如图 7-3 所示。

五、技术关键

① 加入适量溴化钾，使重氮化反应速率加快。

② 为了提高终点确定的准确性，滴定前应根据测定试样的质量计算出标准溶液的预消耗量。滴定时，按预消耗量的 95％一次性加入，然后再将管尖提出液面，缓缓滴定。或预做一次以确定预消耗量，作为参考。

③ 碘化钾-淀粉试纸要随用随取，不要取出放在空气中，否则在酸性环境中碘离子有可能被空气中的氧氧化成碘而造成误差。

④ 正确判断终点是测定的关键，当少许溶液点在试纸上立即出现蓝斑即为终点。若溶液点上经扩散后才出现蓝斑即为“假终点”，要注意区分。

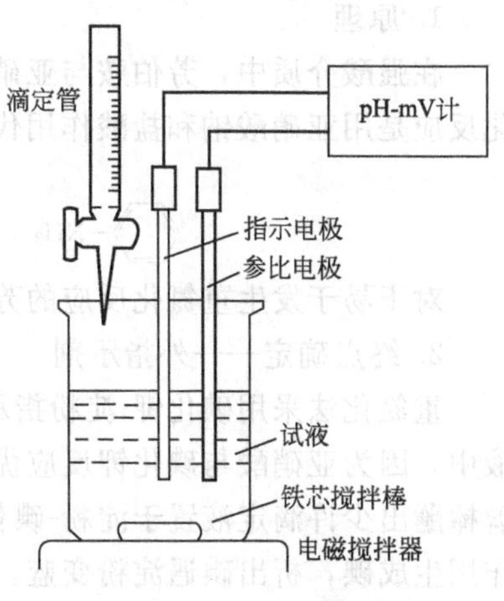

图 7-3　电位滴定示意图

⑤ 应用外指示剂时，其灵敏度与溶液中的 NO_2^- 浓度及溶液体积有关。最好使标定和测定时溶液体积一致，或同样条件下进行空白试验加以校正。

⑥ 应用外指示剂操作比较麻烦，终点不易掌握，若蘸取的次数过多，容易造成损失。使用内指示剂操作比较简便，但终点颜色变化不够敏锐，尤其在重氮盐带色时更难观察。在实际工作中都采用内外指示剂结合使用的方法，即在内指示剂已指示临近终点时，再用外指示剂最后确定，其效果更好。由于内指示剂也消耗亚硝酸钠，所以，必须近终点时加入。

任务二 苯胺测定

一、方法原理

苯胺与亚硝酸钠在酸性条件下定量地发生重氮化反应，以消耗亚硝酸钠的量计算出苯胺含量。

二、测定步骤

称取 1.5g（精确至 0.0002g）试样，置于 400mL 烧杯中，加入 10mL 乙醇溶液，加 250mL 水稀释，加 10mL 盐酸溶液和 0.5g 溴化钾，置磁力搅拌器上使溶解。

将滴定管尖端插入液面下约 2/3 处，搅拌下于 10～25℃用亚硝酸钠标准滴定溶液快速滴定至近终点，将滴定管尖端提出液面并用少量水淋洗，在强烈搅拌下继续缓慢滴定，直至用玻璃棒蘸取少量溶液立即使淀粉-碘化钾指示剂显蓝色，搅拌 1min 后再试仍显蓝色即为终点，同时做空白实验。

工业乙酰苯胺中苯胺质量分数：

$$w_{苯胺}=\frac{c(V_2-V_0)M_{苯胺}}{m}$$

式中 $M_{苯胺}$——苯胺的相对分子质量，93.12。

【知识链接】

一、重氮化法测定芳伯胺

1. 原理

在强酸介质中，芳伯胺与亚硝酸反应定量地生成重氮盐。因为亚硝酸不稳定，所以重氮化反应是用亚硝酸钠和盐酸作用代替亚硝酸，其反应如下：

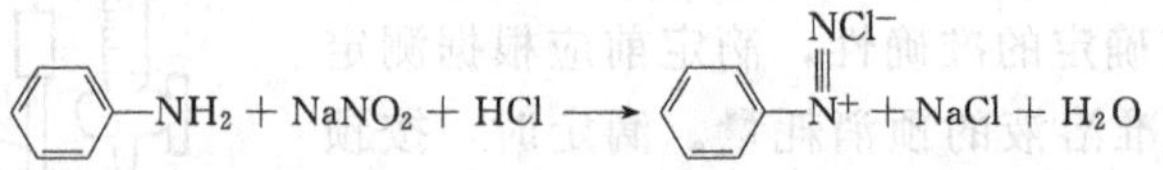

对于易于发生重氮化反应的芳伯胺，可以直接用 $NaNO_2$ 标准溶液直接滴定。

2. 终点确定——外指示剂

重氮化法采用碘化钾-淀粉指示剂作外指示剂确定滴定终点。指示剂不能直接加入反应液中，因为亚硝酸与碘化钾反应优先于重氮化反应，无法观察滴定终点。临近终点时，用玻璃棒蘸出少许滴定液置于淀粉-碘化钾试纸上，如果反应完全，过量的亚硝酸立即与碘化钾作用生成碘，析出碘遇淀粉变蓝。

$$2KI+2HNO_2+2HCl \longrightarrow I_2+2KCl+2NO+2H_2O$$

应用外指示剂操作麻烦，终点不易掌握，如果滴定液蘸出次数过多，容易造成损失。近年来，常采用中性红内指示剂，结果较满意，但仅适用于测定磺胺类药物含量，对其他芳胺测定不适用。由于中性红与亚硝酸作用也消耗标准溶液，需要做空白试验以校正标准溶液的消耗量，使结果更加准确。

使用内指示剂虽然操作简便，但终点颜色变化有时也不够敏锐，尤其重氮盐带色时更难观察，在实际工作中常采用内外指示剂结合的方法，即在内指示剂已指示临近终点时，再用外指示剂作最后确定，其效果较好。最好用“永停法”指示终点。

3. 测定条件

重氮化法对操作条件要求严格，条件稍有变化，对测定结果影响较大。

① 酸度　反应在强酸中进行，通常在1～2mol/L盐酸介质中，酸的浓度低，生成重氮盐不稳定，有副反应发生。酸度过高，阻碍芳伯胺游离，使重氮化反应速率下降。

② 温度　在0～5℃低温条件下进行。温度高，反应可加快，但同时也加快亚硝酸的损失和重氮盐的分解。

$$2HNO_2 \longrightarrow H_2O + NO_2\uparrow + NO\uparrow$$

③ 快速滴定法　快速滴定法是将滴定管尖插入到液面2/3以下，将大部分亚硝酸钠标准溶液在不断搅拌下一次性滴入（亚硝酸钠的用量可以预先估算或通过预滴定测得），临近滴定终点时，将滴定管尖提出液面，再缓缓滴定。这种滴定方法，由于滴定管尖插入液面以下，使反应生成的亚硝酸立即与试样中芳伯胺进行反应，不等亚硝酸扩散到溶液表面即可反应完全，有效地防止了亚硝酸的分解和挥发。

④ 加入溴化钾催化　为了加快反应速率，加入溴化钾催化。由于在苯环上氨基对位的取代基将影响重氮化反应速率，斥电子基因如—CH_3、—OH、—OR等使反应减慢。测定时要加入适量溴化钾。

⑤ 加碱溶解　对难溶于盐酸的芳伯胺（如对氨基苯磺酸），可以加入氨水或碳酸钠溶解后，再加入盐酸后进行滴定。

⑥ 测定结果

$$\text{氨基}(—NH_2)\text{含量}=\frac{16.03Vc}{1000m}\times100\%$$

$$\text{胺含量}=\frac{VcM}{1000nm}\times100\%$$

式中　n——分子中所含氨基的个数；

16.03——氨基的摩尔质量，g/mol。

二、酸滴定法测定胺类化合物

利用胺呈碱性的特殊性质进行定量分析。根据碱性强弱选择直接滴定法和非水滴定法。

1. 脂肪族胺——直接滴定法

碱性较强$K_b>10^{-8}$，可用酸标准溶液直接滴定；水溶性的胺，可在水溶液中直接滴定。不溶于水的长链脂肪胺可溶于乙醇或异丙醇中进行滴定。

滴定生成的产物是强酸弱碱盐，显酸性，所以选用甲基红或中性红等在酸性环境中变色的指示剂。采用甲基红-溴甲酚绿混合指示剂，则终点颜色变化更加敏锐，终点为绿色恰巧消失，溶液无色或呈淡红色。

2. 芳香胺——非水滴定法

碱性较弱$K_b<10^{-8}$，不能在水和醇溶剂中滴定，采用非水滴定法。通常用不同比例的乙酸酐和冰醋酸作溶剂，以结晶紫的冰醋酸溶液作指示剂，用高氯酸的冰醋酸溶液滴定，终点为绿色或蓝绿色。

能力测评

1. 重氮化测定芳香胺时，下列操作对实验结果有无影响？为什么？

(1) 滴定开始前就将淀粉-碘化钾试纸从棕色玻璃瓶中取出，放在实验桌面上；

(2) 多次用玻璃棒蘸取反应液于淀粉-碘化钾试纸上观察终点到否；

(3) 测磺胺未加溴化钾，滴定速度很快；

（4）标定亚硝酸钠溶液只用淀粉-碘化钾试纸判断终点到否；

（5）标定亚硝酸钠溶液只用中性红指示剂判断终点到否。

2. 下列氨基化合物的测定可选择哪些方法？

（1）间甲苯胺；（2）三甲胺；（3）联苯胺；（4）氨基乙酸。

3. 试述重氮化法测定芳伯胺的原理。重氮化反应为何要在1～2mol/LHCl中进行？滴定为何采用“快速滴定法”？

4. 测定扑热息痛

（1）测试样中对氨基酚含量：精称试样1.02g，加50mL，1∶1HCl及3gKBr，用0.1042mol/L$NaNO_2$标准溶液滴定，消耗标液0.06mL。

（2）测扑热息痛含量：精称试样0.3102g，置锥形瓶中，加1∶1HCl50mL，回流1h后，冷至室温，加水50mL、3gKBr，用0.1042 mol/L$NaNO_2$标液滴定，消耗标液19.62mL。

回答下列问题：①对氨基酚对扑热息痛含量测定有何影响？②写出以上测定各步反应式。③计算试样中对氨基酚和扑热息痛含量。

相对分子质量：对氨基酚M=109.12；扑热息痛M=151.17。

学习情境八

糖类检验

【任务描述】

食品分析中，含糖量是一项很重要的测定项目，可以为抽检食品的整体质量评价提供重要的参考依据。还原糖是果汁及饮品中最重要的参数之一，该指标是衡量果汁饮品中原果汁含量多少，以及鉴别果汁饮品真伪的重要参数。因此快速准确测定果汁饮品中的还原糖，对果汁饮品的质量控制、果汁饮料的食品安全及果汁饮品质量体系标准建立具有重要的意义。按照国家标准 GB/T 5009.7—2008 食品中还原糖的测定对市售果汁还原糖、总糖进行测定。

生活中的糖类检验如图 8-1 所示。

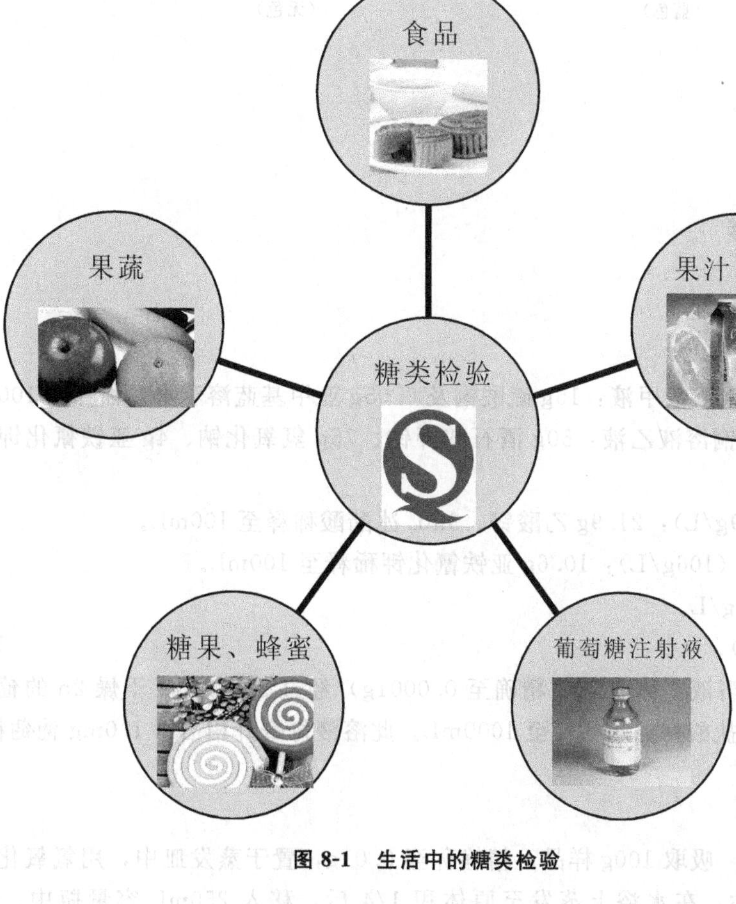

图 8-1　生活中的糖类检验

任务一 果汁饮品还原糖的测定——费林溶液直接滴定法

一、原理

还原糖是含有羰基（>C=O）的糖，具有还原性，在加热条件下，还原糖滴定费林试剂——碱性酒石酸钾钠铜，酒石酸钾钠铜二价铜离子被定量地还原为一价铜离子，以亚甲基蓝为指示剂，当二价铜全部被还原后，稍过量的还原糖把亚甲基蓝还原，溶液由蓝色变为无色即为终点。具体反应如下：

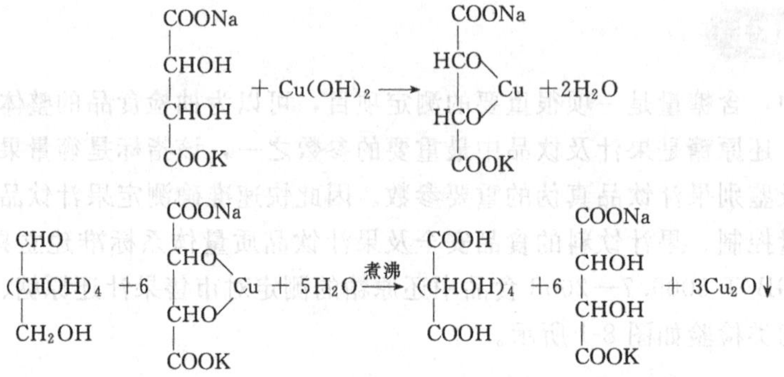

亚甲基蓝氧化型 + 还原糖 ⟶ 亚甲基蓝还原型

（蓝色） （无色）

二、仪器

① 酸式滴定管。

② 水浴锅。

③ 过滤装置。

三、试剂与试样

① 硫酸铜。

② 亚甲蓝指示剂。

③ 酒石酸钾钠。

④ 碱性酒石酸铜溶液甲液：15g 硫酸铜及 0.05g 亚甲基蓝溶于水并稀释至 1000mL。

⑤ 碱性酒石酸铜溶液乙液：50g 酒石酸钾钠、75g 氢氧化钠、4g 亚铁氰化钾加水稀释至 1000mL。

⑥ 乙酸锌（219g/L）：21.9g 乙酸锌、3mL 冰醋酸稀释至 100mL。

⑦ 亚铁氰化钾（106g/L）：10.6g 亚铁氰化钾稀释至 100mL。

⑧ 氢氧化钠 40g/L。

⑨ 盐酸（1+1）。

⑩ 葡萄糖标准溶液：称取 1g（精确至 0.0001g）经过 98～100℃干燥 2h 的葡萄糖，加水溶解，再加 5mL 盐酸并加水稀释至 1000mL。此溶液每毫升相当于 1.0mg 葡萄糖。

四、实验步骤

1. 样品处理

① 酒精性饮料 吸取 100g 样品，精确称至 0.01g，置于蒸发皿中，用氢氧化钠（40g/L）溶液中和至中性，在水浴上蒸发至原体积 1/4 后，移入 250mL 容量瓶中。慢慢加入

5mL 乙酸锌溶液及 5mL 亚铁氰化钾，加水稀释至刻线，摇匀，静置 30min，用干燥滤纸过滤，弃去初滤液，滤液备用。

② 二氧化碳的饮料 吸取 100g 混匀后的样品，精确至 0.01g，置于蒸发皿中，在水浴上微热搅拌除去二氧化碳后，移入 250mL 容量瓶中，并用水洗涤蒸发皿，洗液并入容量瓶中，再加水至刻度，混匀后，备用。

2. 费林溶液的标定

吸取 5.0mL 碱性酒石酸铜甲液及 5.0mL 碱性酒石酸铜乙液，置于 150mL 锥形瓶中，加水 10mL，加入玻璃珠两粒，从滴定管中加约 9mL 葡萄糖标准溶液，控制在 2min 内加热至沸，趁热以 2s 一滴速度继续滴加葡萄糖标准溶液，直至溶液蓝色刚好褪去为终点，记录葡萄糖标准溶液消耗体积，平行测定 3 次，取平均值。计算每 10mL（甲、乙液各 5mL）碱性酒石酸铜溶液相当于葡萄糖的质量。

3. 还原糖含量的测定

① 预测定 吸取 5.0mL 碱性酒石酸铜甲液及 5.0mL 碱性酒石酸铜乙液，置于 150mL 锥形瓶中，加水 10mL，加入玻璃珠两粒，控制在 2min 内加热至沸，保持沸腾以先快后慢的速度滴定，待溶液颜色变浅时，以 2s 一滴速度继续滴定，直至溶液蓝色刚好褪去为终点，记录体积（预测体积）。当样液中还原糖浓度过高时（滴定样液大大低于 10mL），应适当稀释后再滴定，使滴定的样液在 10mL 左右。

当浓度过低时，则采用返滴定方式，直接加入 10mL 样品液，免去加水 10mL 再用还原糖标准滴定至终点，记录消耗的体积与标定时消耗的还原糖标准溶液体积之差相当于 10mL 试液中所含还原糖的量。

② 样品溶液测定 吸取 5.0 mL 碱性酒石酸铜甲液及 5.0mL 乙液，置于 150mL 锥形瓶中，加水 10mL，加入玻璃珠 2 粒，在 2min 内加热至沸，快速从滴定管中滴加比预测体积少 1mL 的样品溶液至锥形瓶，保持沸腾继续以 1 滴/2s 的速度滴定，直至蓝色刚好褪去为终点。记录消耗样液的总体积，同法平行操作 3 次。

五、结果计算

$$还原糖含量=\frac{cV_1}{mV_2/250\times1000}\times100$$

式中 还原糖的含量——样品中还原糖的含量（以葡萄糖计），指每 100g 试样含还原糖的质量，g；

c——葡萄糖标准溶液的浓度，mg/mL；

V_1——滴定 10mL 费林溶液（甲、乙液各 5mL）消耗葡萄糖标准溶液的体积，mL；

V_2——测定时平均消耗样品溶液的体积，mL；

m——样品质量，g。

六、技术关键

① 费林试剂甲液和乙液应分别储存，用时混合，否则酒石酸钾钠铜络合物长期在碱性条件下会慢慢分解析出氧化亚铜沉淀，使试剂有效浓度降低。

② 加入乙酸锌可去除蛋白质、鞣质、树脂等，使它们形成沉淀，经过滤除去。如果钙离子过多时，易与葡萄糖、果糖生成络合物，使滴定速度缓慢，从而结果偏低，可向样品中

加入草酸，形成沉淀并过滤。

③ 滴定终点有时不显无色而显暗红色，是由于样液中亚铁氰化钾量不够，不能有效络合氧化亚铜成无色，可在反应液中适量添加亚铁氰化钾。

④ 滴定必须是在沸腾条件下进行，其原因一是加快还原糖与 Cu^{2+} 的反应速率；二是亚甲基蓝的变色反应是可逆的，还原型的亚甲基蓝遇空气中的氧会再被氧化为氧化型。此外，氧化亚铜也极不稳定，易被空气中的氧所氧化。保持反应液沸腾可防止空气进入，避免亚甲基蓝和氧化亚铜被氧化而增加消耗量。

⑤ 滴定时不能随意摇动锥形瓶，更不能把锥形瓶从热源上取下来滴定，以防止空气进入反应溶液中。

⑥ 样品溶液预测的目的：本法对样品溶液中还原糖浓度有一定要求（0.1%左右），测定时样品溶液的消耗体积应与标定葡萄糖标准溶液时消耗的体积相近，通过预测可了解样品溶液浓度是否合适，浓度过大或过小应加以调整，使预测时消耗样液量在10mL左右。

【知识链接】

一、糖类概述

糖包括一大类化合物，广布于自然界中。糖类为食品主要成分之一，也为人体内热能的主要供给者。

糖类包括单糖、双糖及多糖；单糖类有葡萄糖和果糖；双糖类有蔗糖、麦芽糖及乳糖；多糖类有淀粉、纤维素等。

还原糖是指含有自由醛基或酮基的糖类，葡萄糖和果糖都是还原糖，双糖和多糖不一定是还原糖，乳糖和麦芽糖是还原糖，蔗糖和淀粉是非还原糖。通过水解而生成相应的还原性糖，测定水解液的还原糖含量就可以求得样品中相应糖类的含量。因此，还原糖的测定是一般糖类定量的基础。

二、费林溶液直接滴定法

1. 费林试剂

由硫酸铜的水溶液（甲液）和酒石酸钾钠的氢氧化钠水溶液（乙液）混合而成。两种溶液混合后生成深蓝色的络合物——酒石酸钾钠铜，反应式如下：

$$CuSO_4 + 2NaOH \longrightarrow Na_2SO_4 + Cu(OH)_2$$

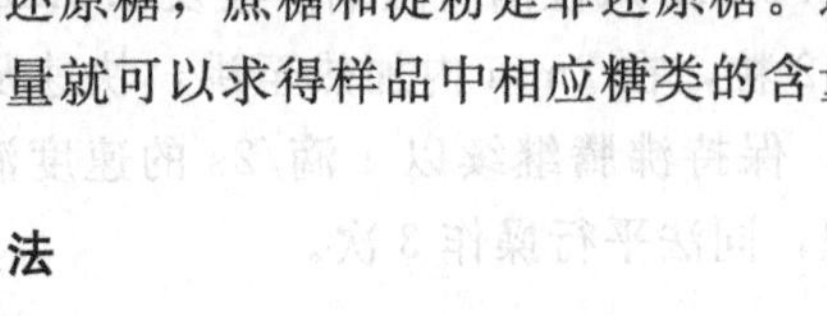

2. 费林试剂配制与标定

铜量与费林溶液的浓度及用量有关。在配制时，$CuSO_4 \cdot 5H_2O$ 的量要称准确。费林试剂甲液和乙液应分别储存，用时混合，否则酒石酸钾钠铜络合物长期在碱性条件下会慢慢分解析出氧化亚铜沉淀，使试剂有效浓度降低。

费林溶液中的氢氧化钠作用：使溶液呈碱性，二价铜离子作为氧化剂是在碱性条件下进行的，其反应速率随碱性增强而加快。

费林溶液中酒石酸钾钠作用：使铜离子形成稳定的可溶性的酒石酸钾钠铜络合物，以利于反应顺利进行。

费林溶液标定以纯糖作为基准物。测定什么糖就应用该糖的纯品来标定费林溶液。国家标准对费林溶液的浓度和用量均有规定，不得随意改变，标定或测定的还原糖溶液中含还原糖的量，一般以0.1%为宜。

3. 亚甲基蓝指示剂

酒石酸钾钠铜被还原糖（如葡萄糖和果糖）还原，生成红色氧化亚铜沉淀。

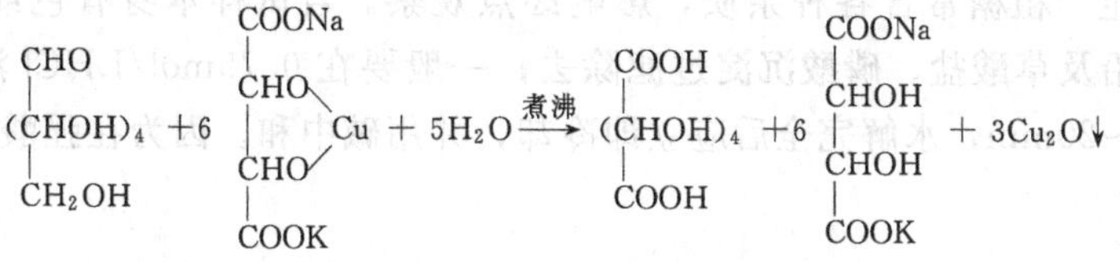

亚甲基蓝氧化型（蓝色）＋ 还原糖 ⟶ 亚甲基蓝还原型（无色）

在加热煮沸的情况下，用还原糖溶液滴定一定量的费林溶液。因定量的费林溶液中Cu^{2+}量为一定，只能与相当量的还原糖起作用。近终点时，加入亚甲基蓝指示剂。亚甲基蓝也是一种氧化剂，氧化态为蓝色，还原态为无色，但氧化性弱，当二价铜全部被还原后，稍过量的还原糖立即将亚甲基蓝还原，使之由蓝色变为无色，即为滴定终点。

当无色的亚甲基蓝被空气中的氧所氧化时，又变为蓝色，故滴定时不要离开热源，使溶液保持沸腾，让上升的蒸气阻止空气进入溶液中。

4. 费林试剂氧化法测定条件

① 反应液的碱度要一致，这就需要严格控制反应液的体积。一般要求消耗糖液在10mL左右，如果糖液浓度有变动，需补加适量水予以调整，使标定和测定时反应液体积尽量保持一致。

② 反应的温度和时间要严格控制。一般控制在2min内沸腾，整个沸腾反应时间为3min。否则煮沸时间改变，引起蒸发量改变，使反应液浓度改变，从而引入误差。

③ 反应产物中氧化亚铜极不稳定，易被空气所氧化而增加耗糖量，故滴定时不要随意摇动锥形瓶，更不能离开热源进行滴定。

④ 在标定和测定时，于费林溶液中预先加入适量的糖液（其量控制在后滴定时消耗糖液在1mL以内），2min内加热至沸，并保持微沸2min，加亚甲基蓝指示剂，继续滴定至蓝色消失，此滴定操作在1min内完成。为了能严格按规定进行，必须进行预测，以了解配制糖液的浓度是否恰当。预测时，若加入10mL配制糖液于费林溶液中，煮沸后Cu^{2+}的蓝色已全部褪去，则表明糖液过浓，若预测滴定消耗超过40mL，则表明糖液过稀。重新调整浓度后，再进行预测。

5. 多糖测定

① 蔗糖测定　蔗糖不含有游离的羰基，没有还原性，但蔗糖在酸性条件下水解，生成1分子葡萄糖和1分子果糖即转化糖，因为0.95g蔗糖可转化为1g转化糖，计算时将转化糖量乘以“0.95”，即为蔗糖的量。

$$C_{12}H_{22}O_{11} + H_2O \xrightarrow{H^+} 2C_6H_{12}O_6$$

$$\frac{M(C_{12}H_{22}O_{11})}{M(C_6H_{12}O_6)} = \frac{342}{360} = 0.95$$

测定蔗糖时最好采用纯蔗糖标样来标定费林试剂，费林试剂浓度以蔗糖量表示，计算时就不必再乘以 0.95，又能达到标定和测定条件相同，减少测定误差。

② 多糖的测定　多糖测定与蔗糖测定相似，在酸性条件下或在酶催化下水解产生单糖，通过测定水解产生的单糖来计算出多糖的含量。例如，淀粉在酸性条件下水解产生葡萄糖，因为 0.9g 淀粉可以转化为 1g 葡萄糖，所以计算时将转化糖量乘以“0.9”系数。

③ 粗糖测定　粗糖常含各种杂质，影响终点观察。若试样本身有色或为固体悬浮物，可用 25%乙酸铅及草酸盐、磷酸沉淀过滤除去；一般要在 0.75mol/LHCl 溶液中，于 60～70℃下水解 10～20min，水解完全后应立即冷却，并用碱中和。因为在强酸性溶液中，会有部分糖被分解。

任务二　蜂蜜中蔗糖的测定——还原糖法

【任务描述】

在食品生产中，为判断原料的成熟度，鉴别白糖、蜂蜜等食品原料的品质，以及控制糖果、果脯、加糖乳制品等产品的质量指标，常需要测定蔗糖的含量。蜂蜜是一种高度复杂的糖类混合物，糖占总成分的 3/4，其中果糖和葡萄糖占总糖量的 85%～95%，是它的主要功能成分。但蔗糖含量越低的蜂蜜质量越好，劣质复合蜂蜜含蔗糖量达 50%以上，国家标准及出口欧盟要求蜂蜜中蔗糖含量不超过 5%。

一、原理

蔗糖是葡萄糖和果糖组成的双糖，没有还原性，不能用碱性铜盐试剂直接测定，在一定条件下，蔗糖水解生成具有还原性的葡萄糖和果糖，用测定还原糖的方法测定蔗糖含量。

样品除去蛋白质等杂质后，用稀盐酸水解，使蔗糖转化为还原糖。然后按还原糖测定的方法，分别测定水解前后样液中还原糖的含量，两者的差值即为蔗糖水解产生的还原糖的量，再乘以换算系数 0.95 即为蔗糖的含量。

二、仪器

① 酸式滴定管。

② 水浴锅。

③ 过滤装置。

三、试剂与试样

① 盐酸：6mol/L。

② 甲基红指示剂：1g/L。称取 0.1g 甲基红，用体积分数 60%的乙醇溶解并定容到 100mL。

③ 氢氧化钠溶液：200g/L。

④ 其他试剂：同还原糖的测定。

四、实验步骤

1. 样品处理

称取 0.5～2g 样品（吸取 2～10mL 液体样品），置于 250mL 容量瓶中，加 50mL 水，摇匀。加入 10mL 碱性酒石酸铜甲液及 4mL1mol/L 氢氧化钠溶液，加水至刻度，混匀。静置 30min，用干燥滤纸过滤，弃去初滤液，滤液备用。

2. 费林溶液的标定

同任务一果汁饮品还原糖的测定——费林溶液直接标定法。

3. 蔗糖测定

吸取经处理后的样品 2 份各 50mL，分别放入 100mL 容量瓶中，其中一份加入 5mL6mol/LHCl 溶液，置于 68～70℃水浴中加热 15min，取出迅速冷却至室温，加 2 滴甲基红指示剂，用 200g/L 的氢氧化钠溶液中和至中性，加水至刻度，摇匀。而另一份直接用水稀释到 100mL，直接滴定法测定还原糖。

五、结果计算

$$X=\frac{(m_2-m_1)\times 0.95}{m\times\frac{50}{V_1}\times\frac{V_2}{100}\times 1000}\times 100$$

式中　X—— 蔗糖的含量，g/100g；

m_1——未经水解的样液中还原糖量，mg；

m_2——经水解后样液中还原糖量，mg；

V_1——样品处理液的总体积，mL；

V_2——测定还原糖取用样品处理液的体积，mL；

m——样品质量，g；

0.95——还原糖换算成蔗糖的系数。

任务三　淀粉的测定——旋光法

一、原理

淀粉具有旋光性，在一定条件下旋光度的大小与淀粉的浓度成正比。用氯化锡溶液作为蛋白质澄清剂，以氯化钙溶液作为淀粉的提取剂，然后测定其旋光度，即可计算出淀粉含量。

该法适用于淀粉含量较高，而可溶性糖类含量较少的谷类样品，如面粉、米粉等。此法重现性好，操作简便。

二、仪器

① 旋光仪。

② 配钠光灯。

三、试剂与试样

① 氯化钙溶液：溶解 546g$CaCl_2\cdot 2H_2O$ 于水中并稀释到 1000mL，调节溶液相对密度为 1.30（20℃），再用体积分数约 1.6%的醋酸，调整溶液 pH 为 2.4±0.1，过滤后备用。

② 氯化锡溶液：溶解 2.5g$SnCl_4\cdot 5H_2O$ 于 75mL 上述氯化钙溶液中。

四、步骤

将样品磨碎并通过 40 目以上的标准筛，称取磨碎后的样品 2g，置于 250mL 烧杯中，加蒸馏水 10mL，搅拌使样品湿润，加入 70mL 氯化钙溶液，用表面皿盖上，在 5min 内加热至沸，并继续煮沸 15min，随时搅拌以免样品附在烧杯壁上。迅速冷却，移入 100mL 容量瓶中，用氯化钙溶液洗涤烧杯壁上附着的样品，洗液并入容量瓶中。加氯化锡溶液 5mL，用氯化钙溶液定容至刻度，混匀，过滤，弃去初滤液，收集其余的滤液，装入观测管中，测定其旋光度。

五、结果计算

$$X=\frac{\alpha\times100}{L\times203m}\times100$$

式中 X—— 淀粉的含量，g/100g；

α——旋光度读数（角旋度），(°)；

m——样品质量，g；

L——观测管长度，dm；

203——淀粉的比旋光度。

【知识链接】

一、糖类的测定方法分类

第一类：糖类化合物由于分子中含有不对称结构，因此大多数糖类化合物具有旋光性，测定旋光度求出糖含量，这就是基于旋光性所建立起来的旋光分析法。

第二类：基于糖的还原性建立的分析方法有：费林试剂氧化法、铁氰化钾氧化法和碘量法。

第三类：使糖转化生成有色物质后在可见区进行分光光度分析，常用的方法：将钼酸铵在酸性介质中还原生成蓝色化合物，将 3,5-二硝基水杨酸还原生成橙色化合物进行分光光度分析。

二、糖类测定其他方法

1. 费林试剂氧化法

任务一知识链接中介绍。

2. 铁氰化钾氧化法

还原糖和水解后产生的转化糖，在碱性溶液中能将高铁氰化钾还原，其反应式如下：

$$C_6H_{12}O_6+6K_3[Fe(CN)_6]+6KOH\longrightarrow(CHOH)_4(COOH)_2+6K_4[Fe(CN)_6]+4H_2O$$

在碱性条件下，加热煮沸，用还原糖溶液滴定一定量的铁氰化钾标准溶液，近终点加入亚甲基蓝指示剂，待溶液中的三价铁离子全部被还原后，稍过量的还原糖立即将亚甲基蓝还原为无色。根据铁氰化钾的浓度和试液的滴定体积可计算出还原糖的含量。

铁氰化钾溶液浓度一般为 1%，用纯蔗糖进行标定。

蔗糖在酸性条件下水解成转化糖，水解完全后用碱中和即为标准糖液。标定时，记录 10.00mL 铁氰化钾溶液所消耗糖液的体积。按下式计算铁氰化钾溶液的浓度（滴定度 T）。

$$T=\frac{mV}{0.95A}$$

式中 T——相当于 10.00mL 铁氰化钾溶液的转化糖的质量，g；

m——称取纯蔗糖质量，g；

A——纯蔗糖配成转化糖溶液的总体积，mL；

V——滴定消耗转化糖溶液的体积，mL；

0.95——换算系数（0.95g 蔗糖可转化为 1g 转化糖）。

试样按标定方法进行转化、中和及滴定，根据糖液消耗量即可计算含糖量。

$$总糖含量(以转化糖计)=\frac{TA}{mV}$$

该方法与费林试剂氧化法测定还原糖十分接近，其注意事项与费林试剂氧化法相同，可参考费林试剂氧化法。

费林试剂法由于反应复杂，影响因素较多，故不及铁氰化钾法准确。当用铁氰化钾法与费林试剂法同时测定蜂蜜等试样，若结果有争议时，国家标准规定以铁氰化钾法为仲裁法。

3. 碘量法

碘量法只适用于测定醛糖，不适用于酮糖和蔗糖。药典中医用葡萄糖注射液采用此方法。

原理：在碱性介质中，碘与醛糖发生氧化还原反应。

$$C_5H_{11}O_5CHO+I_2+3NaOH \longrightarrow C_5H_{11}O_5COONa+2NaI+2H_2O$$

反应完全后，将溶液酸化，过量的碘用硫代硫酸钠标准溶液滴定，从而计算醛糖的含量。

$$NaIO+NaI+2HCl \longrightarrow I_2+2NaCl+H_2O$$

$$I_2+2Na_2S_2O_3 \longrightarrow 2NaI+Na_2S_4O_6$$

从上述反应可知 1 分子葡萄糖消耗 1 分子碘，相当于 2 分子硫代硫酸钠，即

$$n_{\frac{1}{2}葡萄糖}=n_{Na_2S_2O_3}$$

实践证明，试样中不得含有乙醇、丙醇等杂质，因为它们会消耗碘，使测得值偏高。

实际工作中，假如试样中果糖和葡萄糖共存时，可用碘溶液将葡萄糖氧化，然后用硫代硫酸钠除去过量的碘，再用费林溶液直接滴定法测果糖的量。

能力测评

1. ________和________是还原糖，蔗糖和淀粉是________（还原糖、非还原糖）。

2. 还原糖测定方法主要是________和________，国家标准规定食品中还原糖测定采用________法，国家标准规定还原糖的仲裁方法采用________。

3. 费林溶液标定基准物________。

4. ________使铜离子形成稳定的配合物。

A. 氢氧化钠　B. 亚铁氰化钾　C. 亚甲基蓝　D. 酒石酸钾钠

5. 加入乙酸锌和亚铁氰化钾作用（　）。

A. 催化剂　B. 去除蛋白质　C. 指示剂　D. 使溶液稳定

6. 测定时费林试剂与还原糖加热沸腾后，锥形瓶从热源上取下来再滴定，还原糖消耗体积（　）。

A. 增大　B. 减小　C. 无影响

7. 判断（下列说法正确的打“√”，错误的打“×”）。

(1) 直接滴定法测定还原糖的结果代表试样中的总还原糖含量。（　）

(2) 直接滴定法测定还原糖是根据经过标定的一定量的碱性酒石酸铜溶液（Cu^{2+} 量一定）消耗的试样

溶液量来计算试样溶液中的还原糖的含量，反应体系中Cu^{2+}的含量是定量的基础，所以在试样处理时，不能用铜盐作为澄清剂，以免试样溶液中引入Cu^{2+}，得到错误的结果。（　）

（3）直接滴定法测定还原糖在碱性酒石酸铜乙液中加入少量亚铁氰化钾的目的是为消除氧化亚铜沉淀对滴定终点观察的干扰，使之与Cu_2O生成可溶性的无色络合物，而不再析出红色沉淀。（　）

（4）碱性酒石酸铜甲液和乙液应分别储存，不能事先混合储存，否则酒石酸钾钠铜络合物长期在碱性条件下会慢慢分解析出氧化亚铜沉淀，使试剂有效浓度降低。（　）

学习情境九

苯甲酸钠和山梨酸钾测定

【任务描述】

苯甲酸及其钠盐、山梨酸及其钾盐是食品常用防腐剂，主要用于酸性食品的防腐。苯甲酸钠需在肝脏中进行分解，过量食用对肝脏功能有损害。

国家规定在不同食品中其最大使用量为0.2～1.0g/kg。如碳酸饮料中苯甲酸或山梨酸的最大使用量为0.2g/kg。酱油、食醋中苯甲酸钠或山梨酸钠最大使用量为1.0g/kg。因此，测定食品防腐剂的含量以控制其用量，对保证食品质量、保障人民健康具有十分重要的意义。

薄层色谱法用于酱油、水果汁、果酱中苯甲酸钠和山梨酸钾含量的测定。

生活中的苯甲酸如图9-1所示。

任务　苯甲酸钠和山梨酸钾含量的测定——色层分析法

一、原理

利用样品中各组分对吸附剂吸附能力的不同，发生了无数次吸附和解吸过程。对吸附剂吸附能力弱、对展开剂溶解度大的组分随流动相迅速向前移动，可较快地随着展开剂迁移到色谱板的上端；对吸附剂吸附能力强的组分移动慢，则留在色谱板的下端。

利用各组分在展开剂中溶解能力和被解吸能力的不同，最终将各组分彼此分开。

试样经酸化，使苯甲酸钠、山梨酸钾转变为苯甲酸、山梨酸，用乙醚提取，提取液经氯化钠酸性溶液洗涤，并用无水硫酸钠脱水后，将乙醚蒸出，残渣用乙醇溶解。点样于聚酰胺薄层板上，经展开、显色后，根据比移值与标准比较定性，根据斑点面积和颜色深浅进行半定量测定。

二、仪器

① 吹风机。

② 展开槽。

③ 玻璃板 10cm×18cm。

④ 玻璃板 50cm×80cm。

⑤ 微量注射器　10μL。

⑥ 喷雾器。

三、试剂与试样

① 聚酰胺粉　200 目。

薄层扫描仪

图 9-1 生活中的苯甲酸

② 乙醚。

③ 可溶淀粉。

④ 无水硫酸钠。

⑤ 盐酸（1+1）。

⑥ 4%氯化钠酸性溶液　于4%氯化钠溶液中加入少量6mol/L盐酸溶液。

⑦ 展开剂

a. 正丁醇：氨水：无水乙醇=7：1：2；

b. 异丙醇：氨水：无水乙醇=7：1：2。

⑧ 显色剂：0.04%溴甲酚紫的50%乙醇溶液用0.1mol/L氢氧化钠调至pH=8。

⑨ 苯甲酸标准溶液：精密称取苯甲酸0.2000g，用少量乙醇溶解后移入100mL容量瓶中，并用乙醇稀释至刻度摇匀，此溶液每毫升相当于2mg苯甲酸。

⑩ 山梨酸标准溶液：精密称取山梨酸0.2000g，用少量乙醇溶解后移入100mL容量瓶中，并用乙醇稀释至刻度摇匀，此溶液每毫升相当于2mg山梨酸。

⑪ 试样：酱油、水果汁、果酱等。

四、实验步骤

1. 试样提取——试样溶液的制备

称取2.5g混合均匀的试样，置于25mL带塞量筒中，加0.5mL（1+1）盐酸酸化，用15mL、10mL乙醚提取两次，每次振摇1min，将上层乙醚提取液吸入另一25mL带塞量筒中，合并乙醚提取液。用3mL4%氯化钠酸性溶液洗涤两次，静置15min，乙醚层通过无水硫酸钠脱水后过滤于25mL容量瓶中。加乙醚稀释至刻度，摇匀。

吸取10.00mL乙醚提取液分两次置于10mL离心管中，在约40℃水浴上除去乙醚，加入0.1mL乙醇溶解残渣，制成试样测定液备用。

2. 聚酰胺粉板的制备

称取1.6g聚酰胺粉，加4g可溶性淀粉，加15mL水，研磨3～5min，使其均匀即可涂在10cm×18cm、厚度0.3mm的薄层板上。涂好的薄层板置于水平大玻璃板上，于室温干燥后，于80℃干燥1h取出，置于干燥器中保存。

3. 点样

在薄层板下端2cm的基线处，用10μL微量注射器，分别点1μL、2μL试样溶液和1μL、2μL苯甲酸、山梨酸标准溶液。见图9-2。

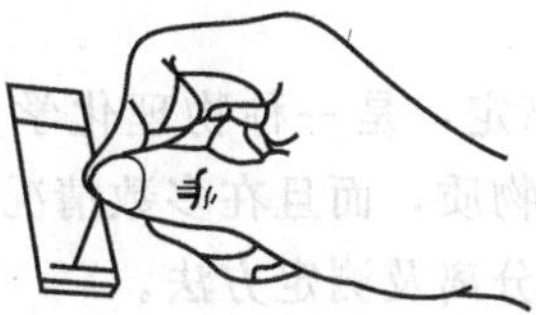

图9-2　点样

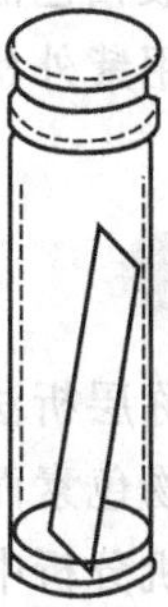

图9-3　薄层色谱展开

4. 展开与显色

展开槽内倒入适量展开剂，在展开槽周围贴上滤纸，待滤纸湿润后，展开剂液层厚0.5～0.7cm，让展开剂在展开槽内饱和10min，将点样后的薄层板放入展开槽内，使薄层下端浸入展开剂中约0.5cm，迅速盖紧缸盖，进行展开，见图9-3。待展开剂前沿上展至10cm时，取出吹干，喷显色剂，斑点呈黄色，背景为蓝色。

5. 定性和半定量测定

把试样斑点与标准斑点比较，以比移值（R_f值）定性，在此实验条件下苯甲酸和山梨酸的比移值分别为0.73、0.82。

比较试样斑点与标准斑点面积大小及颜色深浅进行含量计算。

根据测定结果按下式计算试样中苯甲酸、山梨酸含量。

$$X=\frac{A\times 1000}{m\times \frac{10}{25}\times \frac{V_2}{V_1}\times 1000}$$

式中　X——试样中苯甲酸（山梨酸）的含量，g/kg；

A——测定用试样溶液中苯甲酸（山梨酸）的质量，mg；

m——试样的质量，g；

V_1——溶解苯甲酸（山梨酸）时，加乙醇体积，mL；

V_2——测定时点样的体积，mL；

25——试样乙醚提取液的总体积，mL；

10——测定时吸取乙醚提取液的体积，mL。

五、技术关键

① 聚酰胺薄层板，烘干温度不能高于80℃，否则聚酰胺变色。

② 试样中如含有二氧化碳、酒精时，应加热除去，富含脂肪和蛋白质的试样应除去脂肪和蛋白质，以防用乙醚萃取时发生乳化。

③ 点样：少量多次，大小要均匀。

④ 展开：展开剂倒入展开槽中，展开剂液层约为0.5cm，并盖盖一段时间，使之达到饱和状态，再放入薄层板。

⑤ 本方法灵敏度高，但操作烦琐，重现性差，现今多用气相色谱法测定，试样经酸化后，用乙醚提取苯甲酸、山梨酸后，用附氢火焰离子化检测器的气相色谱仪进行分离和测定，与标准系列比较定量。

也可采用高效液相色谱法测定，利用被分离组分在固定相和移动相中分配系数的不同，使被测组分分离，用紫外检测器在特定波长下测定被测组分的吸收度，与标准比较定性和定量。

【知识链接】

色层分析法又称层析法、色谱法。广泛地用于分离测定，是一种物理化学分离分析方法。开始由分离植物色素而得名，后来不仅用于分离有色物质，而且在多数情况下是用于分离无色物质。在有机分析中，已发展了许多准确而灵敏的分离及测定方法。

色层分析法总是由一种流动相，带着被分离的物质，流经固定相，从而使试样中的各组分分离。按色层分析时两相所处的状态分类见表9-1。

表9-1 色层分析法按两相所处的状态分类

流动相	固定相	色层分析法分类	项目
气体	固体	气固色谱法	气相色谱
气体	液体	气液色谱法	
液体	固体	液固色谱法	液相色谱
液体	液体	液液色谱法	

按分离的操作形式不同可分为：柱色谱法、纸色谱法和薄层色谱法。重点介绍纸色谱法和薄层色谱法。

一、纸色谱法

1. 基本原理

纸色谱的操作是在一张色谱纸上，一端点上欲分离的试液，然后把色谱纸悬挂于展开槽内，如图9-4所示。使展开剂（流动相）从试液斑点一端，通过毛细管虹吸作用，慢慢沿着纸条流向另一端，从而使试样中的混合物得到分离。如果欲分离物质是有色的，在纸上可以看到各组分的色斑；如为无色物质，可用其他物理的或化学的方法使它们显出斑点来。

纸色谱是一种分配色谱，以滤纸作为支持剂，滤纸纤维素吸附着的水分为固定相。展开时，溶剂在滤纸上流动，试样中各组分在两相中不断地分配，即发生一系列连续不断的抽提作用，由于各物质在两相中的分配系数不同，因而它们的移动速率也就不相同，从而达到分离的目的。

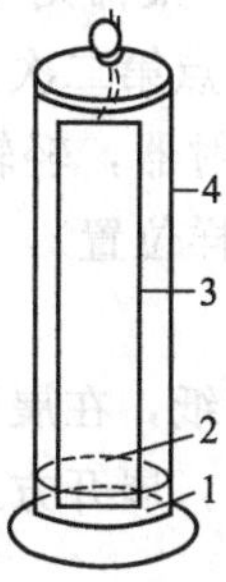

图 9-4　展开槽

1—展开剂；2—点试液处（原点）；3—色谱纸；4—展开槽

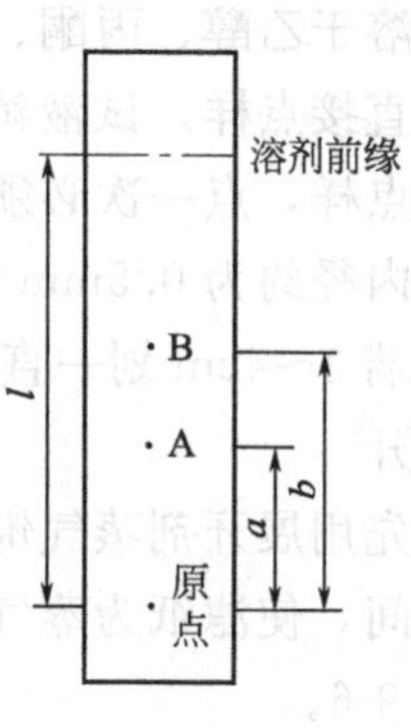

图 9-5　纸色谱图谱

试样经色谱后，常用比移值 R_f 来表示各组分在色谱图谱中的位置，见图 9-5。

$$比移值\ R_f=\frac{原点至斑点中心的距离}{原点至展开剂前缘的距离}$$

A 物质　　　　　　　$R_f=a/l$

B 物质　　　　　　　$R_f=b/l$

R_f 值最大等于 1，即该组分随展开剂上升至溶剂前缘，表示溶质不进入固定相。R_f 值最小等于 0，即该组分不随展开剂移动，仍在原点位置。R_f 值的大小主要决定于物质在两相间的分配系数。因为分配系数不同，物质的移动速度也不同，但是原点至溶剂前沿的距离相同，所以，不同物质在实验条件相同时，有不同的 R_f 值。

从各物质 R_f 值间的差值大小即可判断彼此能否分离。而物质的 R_f 值相差越大就越容易分离，在一定情况下，如果斑点比较集中，则 R_f 值相差 0.02 以上时，即可相互分离。

2. 色谱条件的选择

为了获得良好的色谱分离和重现性较好的 R_f，必须适当选择和严格控制色谱条件。

（1）色谱纸的选择和处理

① 要求滤纸质地均匀，平整无折痕。

② 滤纸要纯净，浆点或杂质愈少愈好；不含影响展开效果的杂质；也不应与所用显色剂起作用。

（2）展开剂的选择

在纸色谱中展开剂的选择往往成为分离成败的关键。纸色谱中选用的溶剂系统有下面几点要求。

① 溶剂系统与被分离物质之间不应起化学反应。

② 物质在溶剂系统中的分配系数最好不受或少受温度变化的影响。

③ 挥发性较好，易于干燥。

常用的溶剂有石油醚、苯、乙醚、氯仿、乙酸乙酯、正丁醇、丙酮、乙醇、甲醇、水、吡啶、乙酸。它们的极性按上列顺序增强。一般不使用单一有机溶剂作展开剂，多采用水饱和的一种或几种有机溶剂作展开剂。这类溶剂系统常用的有：正丁醇：乙酸：水＝4：1：5，正丁醇：乙酸：乙醇：水＝4：1：1：2；酚的水饱和液等。

3. 纸色谱操作方法

（1）点样

将试样溶于乙醇、丙酮、氯仿等易挥发的溶剂中，配成一定浓度的试液。若为液体试样，一般可直接点样。试液浓度要合适，太浓则斑点易拖尾，太稀则不易检出。如试液较稀，可反复点样，点一次必须用冷风或温热的风吹干，然后再点第二次。

点样用内径约为 0.5mm 管口平整的玻璃毛细管或微量注射器，轻轻接触于滤纸的基线上（距纸一端 3～4cm 划一直线，在线上作一“×”号表示点样位置），各点间距约为 2cm。

(2) 展开

展开前先用展开剂蒸气饱和容器内部，再将点好样的色谱纸，在展开剂饱和的展开槽中放置一定时间，使滤纸为蒸气所饱和，然后再浸入展开剂展开，展开方式通常有上行法和下行法。如图 9-6。

上行法让展开剂自下向上扩展，这种方式速度较慢，但设备简单、应用最广。

下行法是把试样点在滤纸条接近上端处，而把纸条的上端浸入展开剂的槽中，槽放在架子上，槽和架子整个放在展开槽中，色谱时展开剂沿着滤纸条逐渐向下移动。这种展开方式速度快，但 R_f 值的重现性较差，斑点也易扩散。

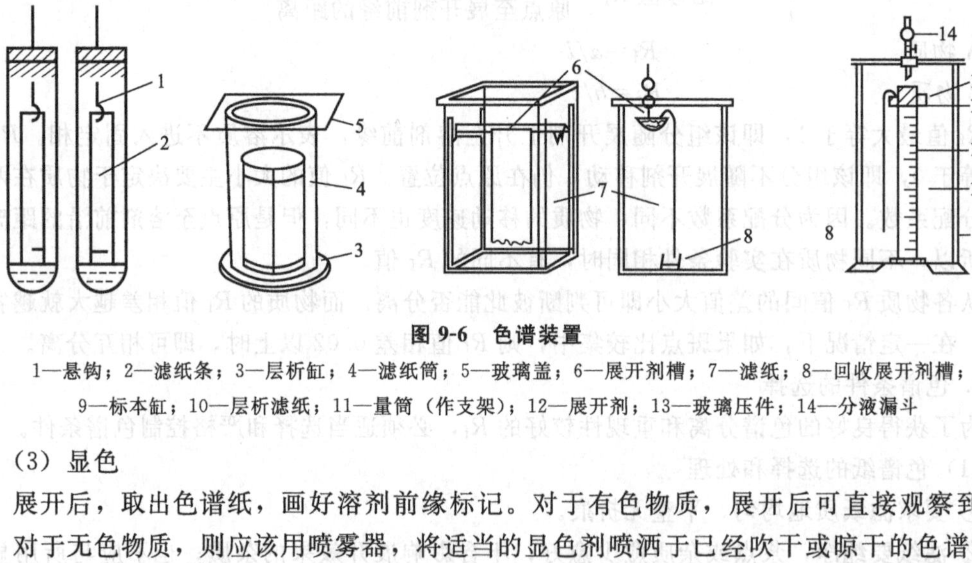

图 9-6 色谱装置

1—悬钩；2—滤纸条；3—层析缸；4—滤纸筒；5—玻璃盖；6—展开剂槽；7—滤纸；8—回收展开剂槽；9—标本缸；10—层析滤纸；11—量筒（作支架）；12—展开剂；13—玻璃压件；14—分液漏斗

(3) 显色

展开后，取出色谱纸，画好溶剂前缘标记。对于有色物质，展开后可直接观察到各色斑。对于无色物质，则应该用喷雾器，将适当的显色剂喷洒于已经吹干或晾干的色谱纸上，进行显色处理。有些物质可以在紫外线下观察荧光或紫外吸收斑点，则不必使用显色剂。

(4) 定性分析

在一定的操作条件下，每种物质都有一定的 R_f 值，测量 R_f 值与手册对照。最好用标准品在同一张色谱纸上进行展开，比较它们的 R_f 值是否一致。鉴定未知物往往需要用几种不同的展开剂，展开得出几个 R_f 值若与对照标准品的 R_f 值均一致，才比较可靠。也可以把标准品与试样混合后点样，选用两种不同的展开剂展开后，如果两者不分离，则两者为同一物质。

(5) 定量分析

① 标准系列法。将不同量的标准品做成系列和试样点在同一张色谱纸上，展开、显色后比较试样色斑和标准品色斑，从而确定组分的含量。

② 直接比色。在滤纸上直接进行测定的色谱扫描仪、光密度计，能直接测定色斑颜色浓度，划出曲线，由曲线的面积求出含量。

纸色谱定量是一种微量操作方法，取样量少，而影响因素多，因此必须严格遵守操作条件，同时多测几份试样，才能得到好的结果。

二、薄层色谱法

薄层色谱法又称薄板色谱法，是色谱中应用最普遍的方法之一。把吸附剂均匀地铺在一块玻璃板或塑料板上形成薄层，在薄层上进行色层分离称为薄层色谱。

1. 基本原理

R_f 值是衡量物质在薄层上分离及鉴定的一个数值，具有较大极性的化合物在薄层板上呈现较强吸附力，它们的 R_f 值较小，因此利用化合物极性不同，在不同展开剂上显示不同 R_f 值，可以达到分离。R_f 值彼此相差较远，说明物质分离较好。

2. 色谱条件的选择

吸附剂和展开剂的选择是薄层色谱分离能否获得成功的关键，必须根据欲分离物质的性质适当地选择使用。

① 常用的吸附剂　氧化铝、硅胶、聚酰胺、硅藻土。

② 展开剂的选择　薄层色谱所用展开剂主要是低沸点的有机溶剂，一般使用2～3种组分的多元溶剂系统。在实际选择时，可以先选择某一种溶剂，根据试样在薄层上的分离效果及 R_f 值的大小，再加减其他溶剂。例如先用石油醚展开，然后换石油醚：苯＝9：1，8：2或5：5等。或先用苯展开，再换苯：乙醇＝9：1，8：2或7：3等。也可先用中等极性的氯仿或乙酸乙酯展开，如极性太大，可用苯：氯仿或乙酸乙酯＝1：1展开，若极性太小，可用氯仿：甲醇＝9：1或95：5展开，从而找到能分离的展开剂。一般要求斑点的 R_f 值在0.2～0.8之间，最好在0.4～0.5之间。

一般可用化学纯或分析纯的试剂来配制展开剂。混合展开剂要现用现配，否则在放置过程中，由于不同溶剂挥发性不同，会使溶剂的配比发生变化。

3. 操作步骤

制板→活化→点样→展开→定性或定量。

(1) 制板

常用的薄层板可分为硬板（湿板）与软板（干板）两种。在吸附剂中加入胶黏剂所制成的板称为硬板。不加胶黏剂，将吸附剂直接铺在玻璃板上称为软板。

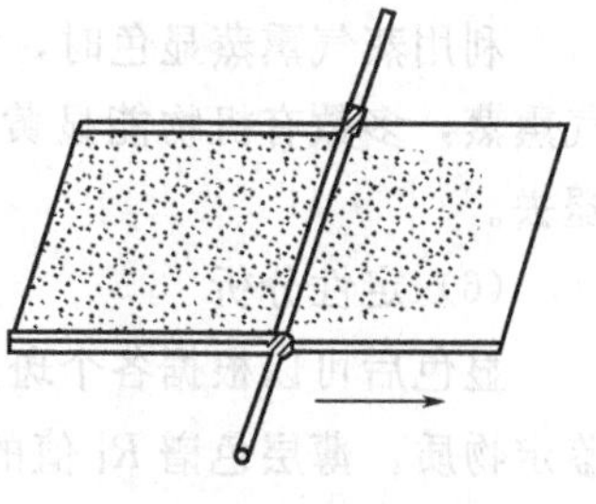
图 9-7　干法铺层

① 软板的制备。在一根玻璃棒的两端分别绕几圈橡皮膏，或套上橡皮圈，其厚度即为薄层的厚度，一般以0.3～0.5mm为宜。如图9-7。将已经烘干活化的吸附剂洒上，将玻璃板一端固定，然后用玻璃棒压在玻璃板上，用力均衡匀速地推进。中途切勿停顿，否则薄层厚度不均匀，影响分离效果。

软板由于无胶黏剂，薄层很不牢固，点样和显色等操作都要小心，切勿将薄层吹散。

② 硬板的制备。常用的胶黏剂有羧甲基纤维素钠（CMC）、石膏、淀粉、聚乙烯醇等。通常大都使用羧甲基纤维素钠，它是一种黏结性很强的新型胶黏剂，一般是以水煮沸溶解为0.5%～1%的溶液使用。

称取2g硅胶于8mL1%有羧甲基纤维素钠（CMC）溶液中，调成糊状，用研钵的杵在薄板上涂布均匀，用手轻轻振动，使其成平整薄层，平铺在玻板上，空气下干燥，然后在110℃烘箱内活化0.5h。2g硅胶可铺8块载玻片。

(2) 活化

涂好的薄层板要进行活化，活化的目的是使其失去部分或全部水分，具有一定的活度即吸附能力。

(3) 点样

待薄层干燥后，进行点样，先在薄板底线1～1.5cm处画一条线，将待分离样品溶于低沸点溶剂中（一般用乙醇、丙酮、氯仿等，不宜用水）配制0.5%～1%的溶液，用毛细管点样，样品斑点要小，点样间距1～1.5cm。

(4) 展开

配制的展开剂置于密闭展开槽中，展开剂用量约在槽底部1cm高，将薄板轻轻放入，用上行法、下行法或近水平法展开。对于软板，采用近水平方向展开（图9-8），薄层与水平方向夹角为10°～20°，倾斜角过大，薄层易脱落，过小，影响分离。对于硬板，多采用近垂直方向展开（图9-9）。

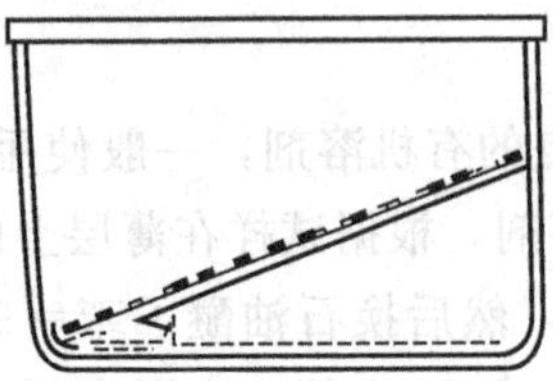

图9-8 近水平方向展开

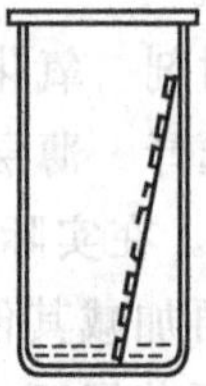

图9-9 近垂直方向展开

(5) 显色

常用的显色方法有三类：在紫外线下观察、以蒸气熏蒸显色以及喷以各种显色剂。把展开后的薄层放在紫外线下观察时，如果采用硅胶GF_{254}铺成薄层，在紫外线照射下整个薄层呈现黄绿色荧光，斑点部分呈现暗色，更为明显。

利用蒸气熏蒸显色时，常用的试剂有固体碘、浓氨水、液体溴。在密闭的容器中用碘蒸气熏蒸，多数有机物能显黄到暗褐色斑点。但注意，显色后在空气中放置时，颜色会渐渐褪去。

(6) 定性分析

显色后可以根据各个斑点在薄层上的位置计算出R_f值，然后与文献记载的R_f值比较以鉴定物质。薄层色谱R_f值的影响因素很多，重现性较差，文献上查到的R_f值只能供参考。

(7) 定量分析

采用目视比较半定量法。将试液与一系列不同浓度的标准溶液并排点于同一薄层上，色谱展开后比较薄层上斑点的面积及颜色深浅，可以估计某组分的大概含量。

4. 应用实例

薄层色谱法具有简便、快速、分离效能高等特点。在制药、染料、食品、有机合成工业生产和科研中广泛使用。

① 试样分析 薄层色谱常用于分离后物质的鉴定和测定，如人参中有效成分的分析。取人参粉加入甲醇回流萃取，萃取液浓缩后，于硅胶G上点样，以溶剂A（氯仿：甲醇：水=65：35：10）上行展开后，再用溶剂B（正丁醇：乙酸乙酯：水=4：1：2的上层）直立上行展开，用15%硫酸的饱和碳酸氢铵乙醇溶液浸渍，于115℃烘烤显色后，用$\lambda=525nm$、$\lambda=700nm$扫描测定有效成分的含量。

② 质量控制和杂质检验 粮食、水果、蔬菜等食品中残留的农药六六六、滴滴涕的检验用薄层色谱法。先将样品中的六六六、滴滴涕用石油醚提取，并经硫酸萃取处理，除去干

扰物质，浓缩制得试样溶液。在氧化铝 G 薄层板上点样，以丙酮-己烷（1∶99）或丙酮-石油醚（1∶99）溶液做展开剂展层后，用硝酸银显色，在紫外线照射下显棕黑色斑点，与标准比较进行半定量。

③ 生产过程中反应速率、反应终点控制、反应副产品的检查以及中间体的分析 在反应进行到一定时间，把反应液点在薄层上，同时点原料液做对照，展开显色后，不出现原料样斑点，则反应完全；若色谱中除主斑点外，还有其他斑点，则表明有副产物和中间体存在。

能力测评

1. 色层分析法按分离原理分为哪几种？
2. 展开剂的高度超过点样线，对薄层色谱有什么影响？
3. 纸色谱和薄层色谱有哪几种定量分析方法？
4. 薄层色谱如何进行定性和半定量测定？
5. 薄层色谱中选择展开剂的依据是什么？如何判断所选展开剂是否恰当？

学习情境十

乙酸异戊酯合成与检验

【任务描述】

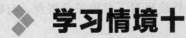

乙酸异戊酯，有香蕉香味，又名香蕉油，主要用于食用香精、日化香精，常用作溶剂，应用于调味、制革和纺织品等加工工业。乙酸异戊酯存在于香蕉和可可豆中，工业上由杂醇油分离得到戊醇，再与乙酸酯化而得。加入硫酸进行催化酯化，然后用碳酸钠中和，用氯化钙脱水而制得粗酯，再经蒸馏精制取138～143℃的馏分，即为产品。

参照工业生产合成乙酸异戊酯，掌握回流、萃取、干燥和蒸馏操作技能，并对产品进行分析检验。

任务一　乙酸异戊酯合成

一、资讯准备

查阅资料填写下表：

名称	M /(g/mol)	bp /℃	ρ/(g/cm³)	水溶性	投料量		理论产量
					质量(体积)/g(mL)	n/mol	
冰醋酸							—
异戊醇							—
硫酸	—	—	—	—		—	—
碳酸钠溶液	—	—	—	—		—	—
饱和食盐水	—	—	—	—		—	—
水	—	—	—	—		—	
乙酸异戊酯						—	

二、实验原理

乙酸异戊酯为无色透明液体，不溶于水，易溶于乙醇、乙醚等有机溶剂，是一种香精。工业通常采用乙酸和异戊醇在浓硫酸的催化下发生酯化反应来制取。反应式如下：

$$\underset{\text{乙酸}}{CH_3\overset{\overset{\displaystyle O}{\|}}{C}-OH} + \underset{\text{异戊醇}}{HOCH_2CH_2\overset{\overset{\displaystyle CH_3}{|}}{C}HCH_3} \underset{\triangle}{\overset{H_2SO_4}{\rightleftharpoons}} \underset{\text{乙酸异戊酯}}{CH_3\overset{\overset{\displaystyle O}{\|}}{C}-OCH_2CH_2\overset{\overset{\displaystyle CH_3}{|}}{C}HCH_3} + H_2O$$

酯化反应是可逆的，本实验采取加入过量冰醋酸，并除去反应中生成的水，使反应不断向右进行，提高酯的产率。

生成的乙酸异戊酯中混有过量的冰醋酸、未完全转化的异戊醇、起催化作用的硫酸及副产物醚类，经过洗涤、干燥和蒸馏予以除去。

三、实验装置图

实验装置如图10-1所示。

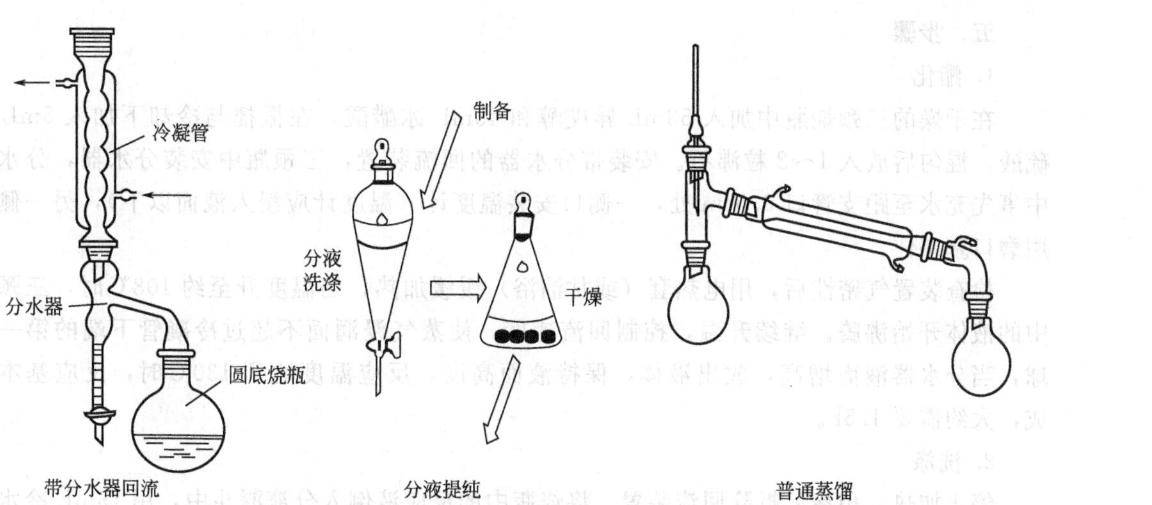

图 10-1　实验装置

① 三颈烧瓶（250mL）、球形冷凝管、分水器。

② 蒸馏烧瓶（100mL）、直形冷凝管、接液管、温度计（200℃）。

③ 分液漏斗（100mL）、锥形瓶（100mL）。

④ 电热套。

四、试剂与试样

异戊醇、冰醋酸、硫酸（98%）、碳酸钠溶液（10%）、食盐水（饱和）、硫酸镁（无水）。

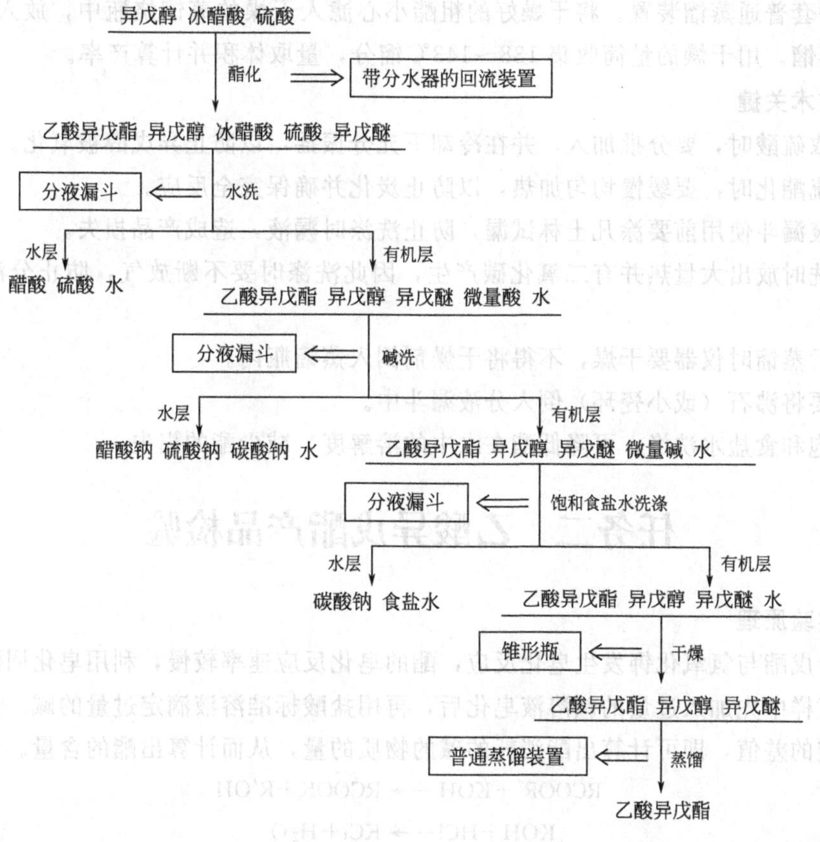

五、步骤

1. 酯化

在干燥的三颈烧瓶中加入 53mL 异戊醇和 45mL 冰醋酸，在振摇与冷却下加入 5mL 浓硫酸，混匀后放入 1～2 粒沸石。安装带分水器的回流装置，三颈瓶中安装分水器，分水器中事先充水至距支管口 0.5cm 处，一侧口安装温度计（温度计应浸入液面以下），另一侧口用磨口塞塞住。

检查装置气密性后，用电热套（或甘油浴）缓缓加热，当温度升至约 108℃时，三颈瓶中的液体开始沸腾。继续升温，控制回流速度，使蒸气浸润面不超过冷凝管下端的第一个球，当分水器液面增高，放出液体，保持液面高度，反应温度达到 130℃时，反应基本完成，大约需要 1.5h。

2. 洗涤

停止加热，稍冷后拆除回流装置。将烧瓶中的反应液倒入分液漏斗中，用 15mL 冷水淋洗烧瓶内壁，洗涤液并入分液漏斗。充分振摇，接通大气静置，待分界面清晰后，分去水层。再用 15mL 冷水重复操作一次。然后酯层用 20mL10％碳酸钠溶液分两次洗涤。最后再用 15mL 饱和食盐水洗涤一次。

3. 干燥

经过水洗、碱洗和食盐水洗涤后的酯层由分液漏斗上口倒入干燥的锥形瓶中，加入 2g 无水硫酸镁，配上塞子，充分振摇后，放置 30min。

4. 蒸馏

安装一套普通蒸馏装置。将干燥好的粗酯小心滤入干燥的蒸馏烧瓶中，放入 1～2 粒沸石，加热蒸馏。用干燥的量筒收集 138～143℃馏分，量取体积并计算产率。

六、技术关键

① 加浓硫酸时，要分批加入，并在冷却下充分振摇，以防止异戊醇被氧化。

② 回流酯化时，要缓慢均匀加热，以防止炭化并确保完全反应。

③ 分液漏斗使用前要涂凡士林试漏，防止洗涤时漏液，造成产品损失。

④ 碱洗时放出大量热并有二氧化碳产生，因此洗涤时要不断放气，防止分液漏斗内的液体冲出来。

⑤ 最后蒸馏时仪器要干燥，不得将干燥剂倒入蒸馏瓶内。

⑥ 不要将沸石（或小瓷环）倒入分液漏斗中。

⑦ 用饱和食盐水洗涤，可降低酯在水中的溶解度，减少酯的损失。

任务二　乙酸异戊酯产品检验

一、实验原理

乙酸异戊酯与氢氧化钾发生皂化反应，酯的皂化反应速率较慢，利用皂化回滴法测定酯的含量。试样中先加入过量的碱溶液皂化后，再用盐酸标准溶液滴定过量的碱。由空白滴定和试样滴定的差值，即可计算出酯消耗的碱的物质的量，从而计算出酯的含量。

$$RCOOR' + KOH \longrightarrow RCOOK + R'OH$$

$$KOH + HCl \longrightarrow KCl + H_2O$$

二、仪器

① 酸式滴定管。

② 回流装置。

三、试剂与试样

① 盐酸标准滴定溶液 $c_{HCl}=0.5mol/L$。

② 酚酞指示液，10g/L 乙醇溶液。

③ 中性乙醇。

④ 氢氧化钾-乙醇溶液 $c_{KOH}=0.5mol/L$：称取 33g 氢氧化钾，溶于 30mL 水中，用无醛乙醇（或分析纯乙醇）稀释至 1000mL，摇匀，放置 24h，取清液使用。

四、测定过程

1. 乙酸异戊酯含量测定

称取 0.87g（约 1mL）样品（精确至 0.0001g），溶于 25mL 乙醇中。加 40.00mL 氢氧化钾-乙醇溶液，在水浴上回流 1h，冷却，加 10g/L 酚酞指示液 2 滴，用盐酸标准滴定溶液 $c_{HCl}=0.5$ mol/L 滴定至溶液无色。同时做空白试验。

乙酸异戊酯的质量分数 w，数值以“%”表示，计算：

$$w=\frac{c(V_{空白}-V)M_{乙酸异戊酯}}{m}\times 100\%$$

2. 游离酸

量取 20mL 乙醇，加 10g/L 酚酞指示液 2 滴，用氢氧化钠标准滴定溶液 $c_{NaOH}=0.02mol/L$ 滴定至溶液呈粉红色，并保持 30s。加 1.7g（约 2mL）样品，用氢氧化钠标准滴定 $c_{NaOH}=0.02mol/L$ 溶液滴定至溶液呈粉红色，并保持 30s。样品消耗氢氧化钠标准滴定溶液的体积的数值不得大于，化学纯 0.30mL。

3. 沸程

按 GB/T 615 的规定测定。在规定温度内馏出物体积不得少于 95mL。

4. 折射率测定

GB/T 614《折光率[1]测定通用方法》测定乙酸异戊酯折射率；乙酸异戊酯折射率 1.4003。

【知识链接】

萃　取

萃取是分离和提纯有机化合物常用的操作之一。萃取是利用物质在两种不互溶（或微溶）溶剂中分配特性不同来达到分离、提纯的。应用萃取可以从固体或液体混合物中提取出所需要的物质，也可以用来洗去混合物中少量的杂质。通常固体混合物萃取称为“抽提”，液体混合物萃取称为“萃取”。

萃取常用分液漏斗进行，分液漏斗的使用是基本操作之一。

一、液体中物质的萃取

1. 仪器装置

[1] 现在叫折射率。

分液漏斗如图 10-2 所示。

分液漏斗放置方法如图 10-3 所示。

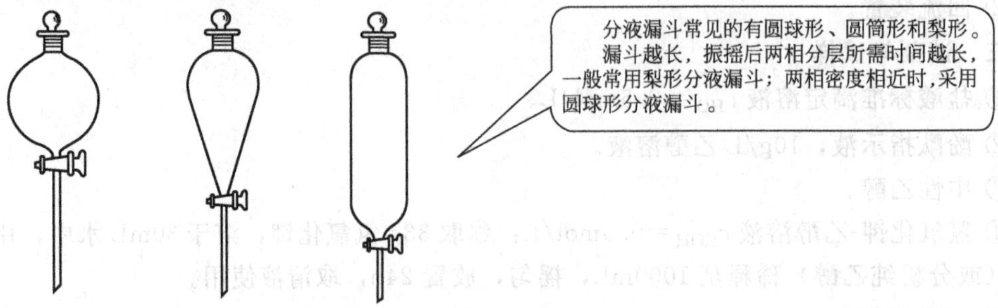
分液漏斗常见的有圆球形、圆筒形和梨形。漏斗越长，振摇后两相分层所需时间越长，一般常用梨形分液漏斗；两相密度相近时，采用圆球形分液漏斗。

图 10-2 分液漏斗

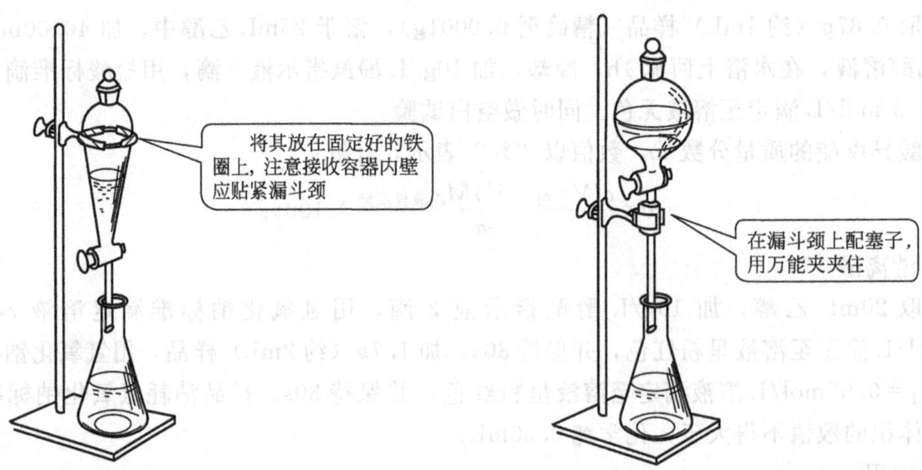

图 10-3 分液漏斗放置方法

2. 操作要点

① 选择容积较液体体积大 1～2 倍的分液漏斗，检查玻璃塞和活塞芯是否与分液漏斗配套。

② 将活塞芯擦干，并在上面薄薄地涂上凡士林（注意；不要涂进活塞孔里），将活塞芯塞进活塞，旋转数圈，在活塞芯的凹槽处套上合适的橡皮圈。

③ 需干燥分液漏斗时，要特别注意拔出活塞芯，检查活塞是否洁净、干燥，不合要求，经洗净干燥后方可使用。

3. 操作方法

准备		选择容积较液体体积大 1～2 倍的分液漏斗，检查玻璃塞和活塞芯是否配套，涂油 溶液和萃取剂，依次自上而下倒入分液漏斗中，装入量约占分液漏斗体积的 1/3，塞上玻璃塞

续表

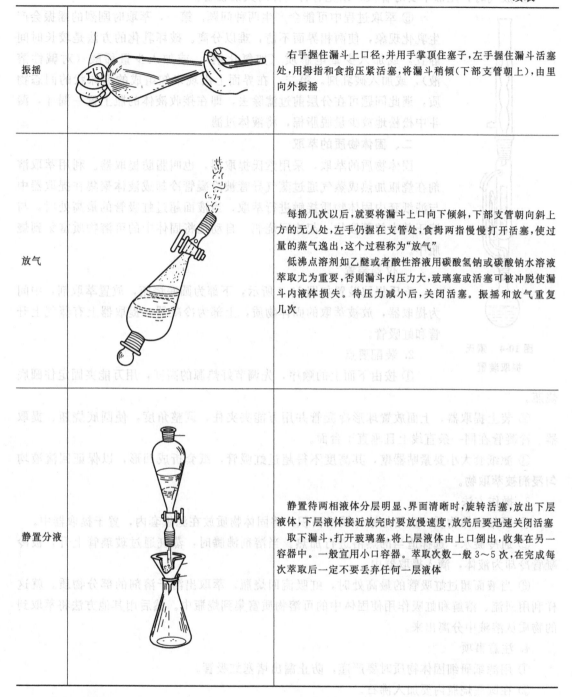

振摇	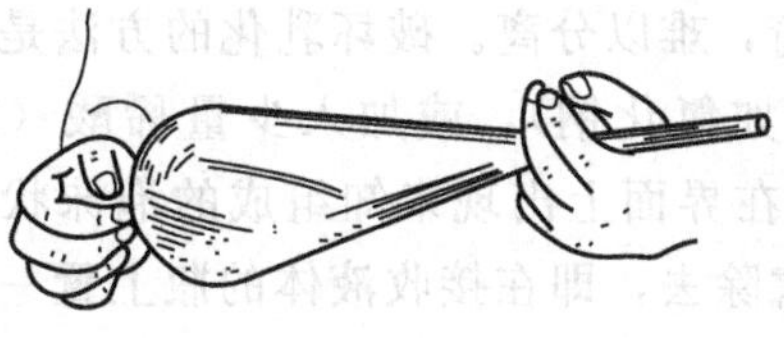	右手握住漏斗上口径，并用手掌顶住塞子，左手握住漏斗活塞处，用拇指和食指压紧活塞，将漏斗稍倾（下部支管朝上），由里向外振摇
放气		每摇几次以后，就要将漏斗上口向下倾斜，下部支管朝向斜上方的无人处，左手仍握在支管处，食拇两指慢慢打开活塞，使过量的蒸气逸出，这个过程称为“放气” 低沸点溶剂如乙醚或者酸性溶液用碳酸氢钠或碳酸钠水溶液萃取尤为重要，否则漏斗内压力大，玻璃塞或活塞可被冲脱使漏斗内液体损失。待压力减小后，关闭活塞。振摇和放气重复几次
静置分液		静置待两相液体分层明显、界面清晰时，旋转活塞，放出下层液体，下层液体接近放完时要放慢速度，放完后要迅速关闭活塞取下漏斗，打开玻璃塞，将上层液体由上口倒出，收集在另一容器中。一般宜用小口容器。萃取次数一般3～5次，在完成每次萃取后一定不要丢弃任何一层液体

4. 注意事项

① 若使用低沸点、易燃的溶剂，要远离火源，要注意排风，保持空气流通。

② 上层液一定要从分液漏斗上口倒出，切不可从下面活塞放出，以免被残留在漏斗颈下的第一种液体所沾污。

③ 静置时间不够，两液分层不清晰时分出下层，不但没有达到萃取目的，反而使杂质混入。

④ 放气时，尾部不要对着人，以免有害气体对人的伤害。

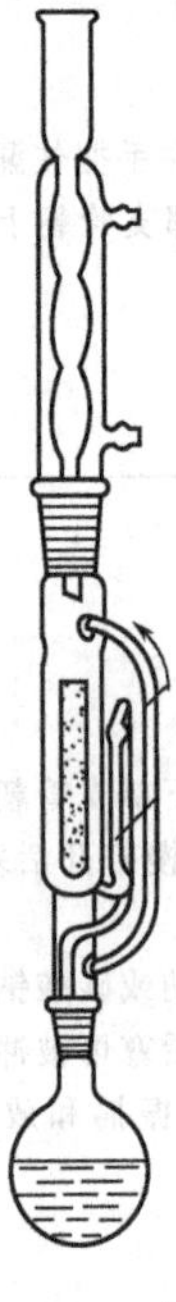

图 10-4 索氏提取装置

⑤ 萃取过程中可能会产生两种问题。第一，萃取时剧烈的摇振会产生乳化现象，使两相界面不清，难以分离。破坏乳化的方法是较长时间静置，或加入少量电解质（如氯化钠），或加入少量稀酸（对碱性溶液），或加入破乳剂。第二，在界面上出现未知组成的泡沫状的固态物质，遇此问题可在分层前过滤除去，即在接收液体的瓶上置一漏斗，漏斗中松松地放少量脱脂棉，将液体过滤。

二、固体物质的萃取

固体物质的萃取，采用索氏提取器，也叫脂肪提取器。利用萃取溶剂在烧瓶加热成蒸气通过蒸气导管被冷凝管冷却成液体聚集在提取器中与滤纸套内固体物质接触进行萃取，当液面超过虹吸管的最高处时，与溶于其中的萃取物一起流回烧瓶，自动地将固体中的可溶物质富集到烧瓶中。

1. 仪器装置

索氏提取装置如图 10-4 所示，下部为圆底烧瓶，放置萃取剂，中间为提取器，放被萃取的固体物质，上部为冷凝器，提取器上有蒸气上升管和虹吸管。

2. 装配要点

① 按由下而上的顺序，先调节好热源的高度，用万能夹固定住圆底烧瓶。

② 装上提取器，上面放置球形冷凝管并用万能夹夹住，调整角度，使圆底烧瓶、提取器、冷凝管在同一条直线上且垂直于台面。

③ 滤纸套大小要紧贴器壁，其高度不得超过虹吸管，纸套折成凹形，以保证回流液均匀浸润被萃取物。

3. 操作方法

① 研细固体物质，以增加液体浸浴面积，将固体物质放在滤纸套内，置于提取器中。

② 通冷凝水，选择适当的热浴进行加热。当溶剂沸腾时，蒸气通过玻璃管上升，被冷凝管冷却为液体，滴入提取器中。

③ 当液面超过虹吸管的最高处时，虹吸流回烧瓶，萃取出溶于溶剂的部分物质。就这样利用回流、溶解和虹吸作用使固体中的可溶物质富集到烧瓶中。然后用其他方法将萃取到的物质从溶液中分离出来。

4. 注意事项

① 用滤纸研细固体物质时要严谨，防止漏出堵塞虹吸管。

② 在圆底烧瓶内要加入沸石。

回 流

有机物合成反应，往往需要在一定温度下，加热较长时间，以使反应进行完全，常采用回流操作。所谓回流是指在反应中令加热产生的蒸气冷却并使冷却液流回反应系统的过程。

根据反应的不同需要，在反应容器上装配其他仪器，构成不同类型的回流装置。

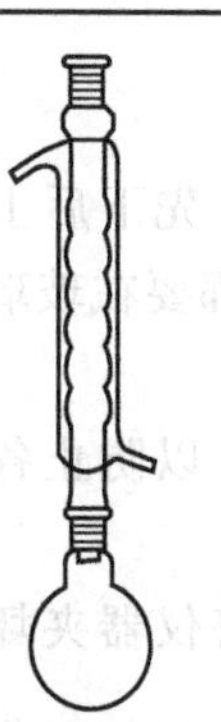 普通回流装置	普通回流装置 ① 选用圆底烧瓶、双颈瓶或三颈瓶等作反应容器 ② 冷凝管有球形冷凝管、空气冷凝管、蛇形冷凝管 ③ 冷凝管选择依据反应混合物沸点的高低，多采用球形冷凝管，冷凝面积大，冷却效果好；液体沸点高于 140℃，可选用空气冷凝管；液体沸点很低或有毒性物质，选用蛇形冷凝管	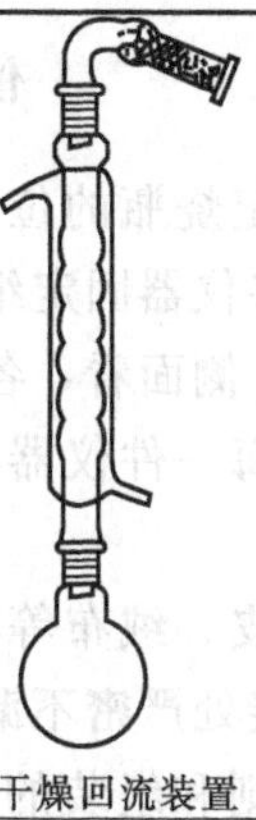 干燥回流装置	干燥回流装置 ① 冷凝管的上端配有干燥管，防空气中的水汽进入反应瓶 ② 为防止体系被封闭，干燥管内不填装粉末状干燥剂，填装颗粒状或块状干燥剂。管底塞上脱脂棉或玻璃棉。不能装得太实
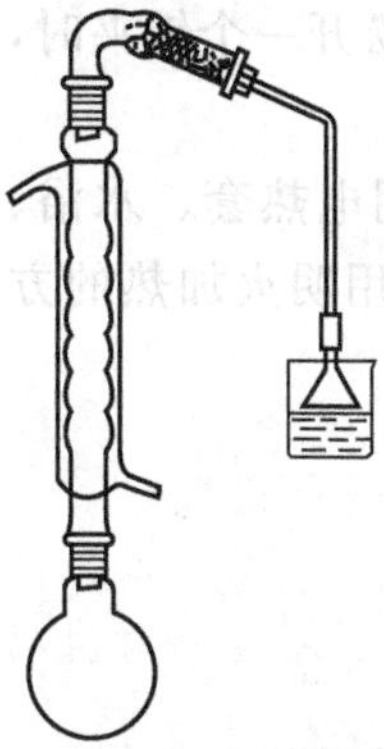 气体吸收回流装置	气体吸收回流装置 ① 适用于吸收反应过程中生成的有刺激性和水溶性的气体 ② 产生的气体通过接近水面的漏斗口进入水中 ③ 防止气体吸收液倒吸，是保持玻璃漏斗或玻璃管悬在近离吸收液的液面上，使反应体系与大气相通	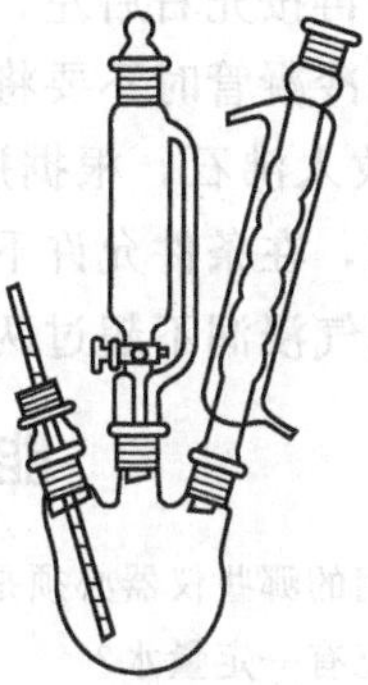 回流滴加装置	回流滴加装置 回流时可以同时滴加液体并测量反应温度的装置
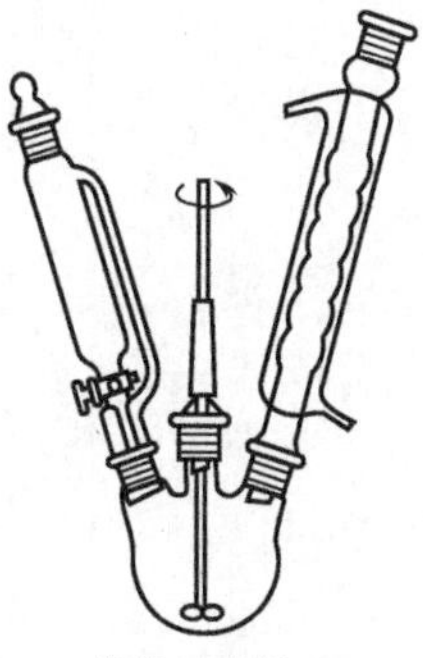 搅拌回流装置	搅拌回流装置 ① 非均相间反应或反应物之一是逐渐滴加，为使其迅速均匀地混合，以避免因局部过浓、过热而导致其他副反应发生 ② 有机物的分解或反应产物是固体，如不搅拌将影响反应顺利进行	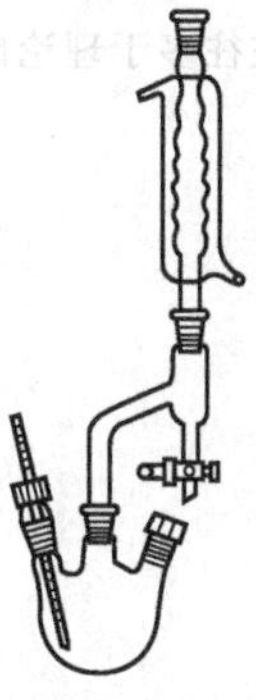 回流分水装置	回流分水装置 可逆反应，生成产物有水，使正向反应完全，将生成的水不断从反应混合体系中移出
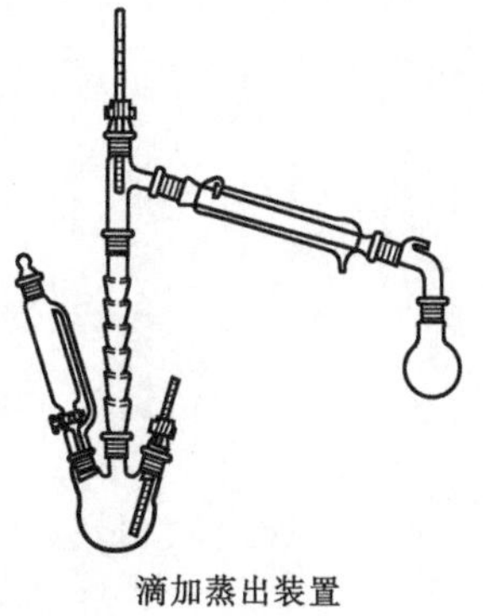 滴加蒸出装置		滴加蒸出装置 ① 有机反应需要一边滴加反应物一边将产物之一蒸出反应体系，防止产物再次发生反应，并破坏可逆反应平衡，使反应进行彻底 ② 反应产物可单独或形成共沸混合物不断从反应体系中蒸馏出去，可通过恒压滴液漏斗将一种试剂逐渐滴加入反应瓶中，以控制反应速率或使这种试剂消耗完全	

仪器装配原则

① 安装仪器时，首先确定烧瓶的位置，其高度以热源的高度为基准，先下后上，从左到右，先主件后次件，逐个将仪器固定组装。所有的铁架、铁夹、烧瓶夹都要在玻璃仪器的后面，整套装置不论从正面、侧面看，各仪器的中心线都在同一直线上。

② 整套仪器应尽可能使每一件仪器都用铁夹固定在同一个铁架台上，以防止各种仪器因振动频率不协调而破损。

③ 铁夹的双钳应包有橡皮、绒布等衬垫，以免铁夹直接接触玻璃而将仪器夹坏。夹物要不松不紧，既保证磨口连接处严密不漏，又尽量使到各处不产生应力。

④ 仪器装置的拆卸方式则和组装的方向相反。拆卸前，应先停止加热，移走热源，待稍冷却后，取下产物，然后再按先右后左、先上后下逐个拆掉。注意在松开一个铁夹时，必须用手托住所夹的仪器，拆冷凝管时不要将水洒在电热套上。

⑤ 回流加热前，应先放入沸石。根据瓶内液体的沸腾温度，可选用电热套、水浴、油浴或石棉网直接加热等方式，在条件允许下，一般不采用隔石棉网直接用明火加热的方式。回流的速率应控制在液体蒸气浸润不超过两个球为宜。

能力测评

1. 制备乙酸异戊酯时，使用的哪些仪器必须是干燥的？为什么？
2. 分水器内为什么事先要充有一定量水？
3. 酯化反应制得的粗酯中含有哪些杂质？是如何除去的？洗涤时能否先碱洗再水洗？
4. 酯可用哪些干燥剂干燥？为什么不能使用无水氯化钙进行干燥？
5. 酯化反应时，实际出水量往往多于理论出水量，这是什么原因造成的？

附录

附录一　常用有机产品物理常数

表 1-1　液体芳烃

化合物	沸点/℃	ρ/(g/mL)	n_D^{20}	硝基物		邻芳酰苯甲酸熔点/℃
				位置	熔点/℃	
苯	80.1	0.8790	1.5011	1,3-	89	127
甲苯	110.6	0.8670	1.4959	2,4-	70	137
乙苯	136.2	0.8670	1.4950	2,4,6-	37	122
对二甲苯	138.3	0.8611	1.4958	2,3,5-	139	132
间二甲苯	139.1	0.8642	1.4972	2,4,6-	183	126
邻二甲苯	144.4	0.8802	1.5054	4,5-	118	178
异丙苯	152.4	0.8618	1.4915	2,4,6-	109	133
正丙苯	159.2	0.8620	1.4920			125
1,3,5-三甲苯	164.7	0.8652	1.4994	2,4-	86	211
叔丁基苯	169.1	0.8665	1.4926	2,4-	62	
1,2,4-三甲苯	169.2	0.8758	1.5049	3,5,6-	185	

表 1-2　液体醇

化合物	沸点/℃	ρ/(g/mL)	n_D^{20}	3,5-二硝基苯甲酸酯熔点/℃	对硝基苯甲酸酯熔点/℃	苯氨基甲酸酯熔点/℃
甲醇	64.65	0.7915	1.3306	108	96	47
乙醇	78.32	0.7894	1.3610	93	57	52
异丙醇	82.4	0.78507	1.37927	1233	(110)	75
叔丁醇	82.5	0.80359		142	116	136
正丙醇	97.15	0.80692	1.33499	74	35	57
仲丁醇	99.5	0.80196	1.39495	76	26	64.5
异丁醇	108.1	0.80960	1.3939	87	69	86
正丁醇	117.7	0.80960	1.3974	64	36	61
3-戊醇	116.1	0.82037	1.4103	101	17	49
2-戊醇	119.85	0.80919	1.4060	62	17	
异戊醇	132	0.80918	1.40851[1]	61	21	57
正戊醇	138	0.81479	1.40994	46.4	11	46
环戊醇	140.85	0.94688	1.4530	115	62	132
正己醇	157.5	0.81893	1.41778	58.4	5	42
环己醇	161.1			113	50	82
乙二醇	197.85	1.11361	1.43192	169	140	157
丙三醇	290	1.26134	1.4729		188	180

表 1-3 醛类

化合物	沸点/℃	n_D^{20}	熔点/℃	缩氨基脲熔点/℃	2,4-二硝基苯腙熔点/℃
正丁醛	74.7	1.38433		106(96)	123
异戊醛	92.5	1.39225		107	123
正戊醛	103	1.3947			107(98)
正己醛	131	1.4068		106	104(107)
正庚醛	153	1.4125		109	108
苯甲醛	179	1.5446		222	237
肉桂醛	252	1.61949		215(208)	255
苯乙醛	195		34	156(153)	121
乙醛	20.2	1.364		162	148 及 168
丙醛	47.59～49.0			89 及 154	155
乙二醛	50	1.4025		270	328
丙烯醛	52.4			17	165

表 1-4 酮类

化合物	沸点/℃	ρ/(g/mL)	n_D^{20}	熔点/℃	缩氨基脲熔点/℃	2,4-二硝基苯腙熔点/℃
丙酮	56.11	0.792	1.3592		190	126
2-丁酮	80	0.804	1.3791		135	116～117
2-甲基-3-丁酮	94.3	0.8046	1.3879		113～114	120
3-戊酮	102		1.3922		138～139	156
2-戊酮	102.3	0.80639	1.3902		112	143～144
2-己酮	128	0.81127	1.4015		125	110
环戊酮	130.7	0.94869	1 4366		210	146
环己酮	156		1.4507		166～167	162
苯乙酮	202		1.5350	20	198～199	238～240
苯丙酮	128	1.0281		20		
对甲基苯乙酮	226			28	258	198
二苯酮				48	167	238～239

表 1-5 液体酯

化合物	沸点/℃	ρ/(g/mL)	n_D^{20}	化合物	沸点/℃	ρ/(g/mL)	n_D^{20}
乙酸乙酯	77.15	0.90055	1.372	乙酸异戊酯	142	0.8674	1.40034
丙酸甲酯	799	0.9151	1.3779	苯甲酸甲酯	199.5	1.089	1.5164
丙酸乙酯	99.1	0.8889	1.3853	苯甲酸乙酯	213.2	1.0465	1.506
乙酸正丙酯	101	0.8834	1.38468	邻苯二甲酸二丁酯	340.7	1.047	1.4900
乙酸丙烯酯	104	0.9276	1.40488				
乙酸异丁酯	117.2	0.8747	1.39008	邻苯二甲酸异戊酯	349	1.024	
乙酸正丁酯	126.1	0.881	1.3947				

表 1-6 羧酸

化合物	沸点/℃	熔点/℃	ρ/(g/mL)	n_D^{20}	酰对甲苯胺熔点/℃	对硝基苄酯熔点/℃
甲酸	100.7	8.4	1.22026	1.37137	53	31
乙酸	118.2	16.6	1.04928	1.36976	163	78
丙烯酸	141	13	1.06211	1.4224	141	31
丙酸	141	20.8	0.99336	1.3868	126	35
异戊酸	176.5	－30.0	0.92623	1.4043	106	35
正戊酸	186.4		0.93922	1.4086	74	
正己酸	205.35	－3.9	0.93568	1.41635	153	
1-苹果酸		100			206	87.2
乙酰水杨酸		135			136	90.5
间硝基苯甲酸		140			163	141
邻硝基苯甲酸		146			155	112

续表

化合物	沸点/℃	熔点/℃	ρ/(g/mL)	n_D^{20}	酰对甲苯胺熔点/℃	对硝基苄酯熔点/℃
邻氨基苯甲酸		147			151	205
水杨酸		158.3			156	98
d-酒石酸		169			180	163
间氨基苯甲酸		174			140	201
丁二酸	235	186			180	88
对氨基苯甲酸		186				
间羧基苯甲酸		200			163	106
邻苯二甲酸		200～206			201	155

表 1-7　糖

化合物	熔点/℃	比旋光度		R_f 值[正丁醇：乙醇：水(4：1：5)]	熔点/℃	$[\alpha]_D^t$(溶剂)
		$[\alpha]_D^{20}$	浓度/%(溶剂)			
β-麦芽糖水合物	102.5	＋117.7→130.4	4(H_2O)		208	
β-D-果糖	102～104	－132.2→－92.4	4(H_2O)	0.23	210	
α-D-甘露糖	133	＋29.3→＋14.2	4(H_2O)	0.20	210	
α-D-葡萄糖(无水)	83(水合),146	＋112.2→＋52.7	4(H_2O)	0.18	210	－1.5，c＝2%[吡啶：醇(1：1)]
L-山梨糖	165	－43.7→－43.4	12(H_2O)	0.20	156	
α-D-半乳糖	167	＋150.7＋80.2	5(H_2O)	0.16	196	
蔗糖	169	＋66.53	26(H_2O)	0.14		－6(甲醇)
α-乳糖(无水)	223	＋90				
β-乳糖(无水)	252	＋35→＋55.3	4(H_2O)			
淀粉(可溶)		＋189				

附录二　有机产品检验常用指示剂

表 2-1　酸碱指示剂

名　称	变色范围(pH)	颜色变化	溶液配制方法
甲基紫	0.13～0.50(第一次变色)	黄～绿	0.5g/L 水溶液
	1.0～1.5(第二次变色)	绿～蓝	
	2.0～3.0(第三次变色)	蓝～紫	
百里酚蓝	1.2～2.8(第一次变色)	红～黄	1g/L 乙醇溶液
甲酚红	0.12～1.8(第一次变色)	红～黄	1g/L 乙醇溶液
甲基黄	2.9～4.0	红～黄	1g/L 乙醇溶液
甲基橙	3.1～4.4	红～黄	1g/L 水溶液
溴酚蓝	3.0～4.6	黄～紫	0.4g/L 乙醇溶液
刚果红	3.0～5.2	蓝紫～红	1g/L 水溶液
溴甲酚绿	3.8～5.4	黄～蓝	1g/L 乙醇溶液
甲基红	4.4～6.2	红～黄	1g/L 乙醇溶液
溴酚红	5.0～6.8	黄～红	1g/L 乙醇溶液
溴甲酚紫	5.2～6.8	黄～紫	1g/L 乙醇溶液
溴百里酚蓝	6.0～7.6	黄～蓝	1g/L 乙醇[50%(体积分数)溶液]
中性红	6.8～8.0	红～亮黄	1g/L 乙醇溶液
酚红	6.4～8.2	黄～红	1g/L 乙醇溶液
甲酚红	7.0～8.8	黄～紫红	1g/L 乙醇溶液
百里酚蓝	8.0～9.6(第二次变色)	黄～蓝	1g/L 乙醇溶液
酚酞	8.2～10.0	无色～红	10g/L 乙醇溶液
百里酚酞	9.4～10.6	无色～蓝	1g/L 乙醇溶液

表 2-2 酸碱混合指示剂

名称	变色点	颜色		配制方法	备注
		酸色	碱色		
甲基橙-靛蓝(二磺酸)	4.1	紫	绿	1份1g/L甲基橙水溶液 1份2.5g/L靛蓝(二磺酸)水溶液	
溴百里酚绿-甲基橙	4.3	黄	蓝绿	1份1g/L溴百里酚绿钠盐水溶液 1份2g/L甲基橙水溶液	pH=3.5黄 pH=4.05绿黄 pH=4.3浅绿
溴甲酚绿-甲基红	5.1	酒红	绿	3份1g/L溴甲酚绿乙醇溶液 1份2g/L甲基红乙醇溶液	
甲基红-亚甲基蓝	5.4	红紫	绿	2份1g/L甲基红乙醇溶液 1份1g/L亚甲基蓝乙醇溶液	pH=5.2红紫 pH=5.4暗蓝 pH=5.6绿
溴甲酚绿-氯酚红	6.1	黄绿	蓝紫	1份1g/L溴甲酚绿钠盐水溶液 1份1g/L氯酚红钠盐水溶液	pH=5.8蓝 pH=6.2蓝紫
溴甲酚紫-溴百里酚蓝	6.7	黄	蓝紫	1份1g/L溴甲酚紫钠盐水溶液 1份1g/L溴百里酚蓝钠盐水溶液	
中性红-亚甲基蓝	7.0	紫蓝	绿	1份1g/L中性红乙醇溶液 1份1g/L亚甲基蓝乙醇溶液	pH=7.0蓝紫
溴百里酚蓝-酚红	7.5	黄	紫	1份1g/L溴百里酚蓝钠盐水溶液 1份1g/L酚红钠盐水溶液	pH=7.2暗绿 pH=7.4淡紫 pH=7.6深紫
甲酚红-百里酚蓝	8.3	黄	紫	1份1g/L甲酚红钠盐水溶液 3份1g/L百里酚蓝钠盐水溶液	pH=8.2玫瑰 pH=8.4紫
百里酚蓝-酚酞	9.0	黄	紫	1份1g/L百里酚蓝乙醇溶液 3份1g/L酚酞乙醇溶液	
酚酞-百里酚酞	9.9	无	紫	1份1g/L酚酞乙醇溶液 1份1g/L百里酚酞乙醇溶液	pH=9.6玫瑰 pH=10紫

表 2-3 氧化还原指示剂

名称	变色点电压/V	颜色		配制方法
		氧化态	还原态	
二苯胺	0.76	紫	无	1g二苯胺在搅拌下溶于100mL浓硫酸中
二苯胺磺酸钠	0.85	紫	无	5g/L水溶液
邻菲罗啉-Fe(Ⅱ)	1.06	淡蓝	红	0.5g$FeSO_4 \cdot 7H_2O$溶于100mL水中，加2滴硫酸，再加0.5g邻菲罗啉
邻苯氨基苯甲酸	1.08	紫红	无	0.2g邻苯氨基苯甲酸，加热溶解在100mL0.2% Na_2CO_3溶液中，必要时过滤
硝基邻二氮菲-Fe(Ⅱ)	1.25	淡蓝	紫红	1.7g硝基邻二氮菲溶于100mL0.025mol/LFe^{2+}溶液中
淀粉				1g可溶性淀粉加少许水调成糊状，在搅拌下注入100mL沸水中，微沸2min，放置，取上层清液使用(若要保持稳定，可在研磨淀粉时加1mgHgI_2)

参考文献

[1] 朱嘉芸．有机分析．北京：化学工业出版社，2010.

[2] 丁敬敏，赵连俊．有机分析．北京：化学工业出版社，2006.

[3] 张振宇．化工产品检验技术．北京：化学工业出版社，2005.

[4] 房爱敏．基础化学．北京：化学工业出版社，2011.

[5] 陈耀祖．有机分析．北京：高等教育出版社，1981.

[6] 邢其毅．基础有机化学．北京：高等教育出版社，1980.

[7] 张小康，张正兢．工业分析．北京：化学工业出版社，2004.

[8] 吉分平．工业分析．北京：化学工业出版社，1998.

[9] 黄一石，乔子荣．定量化学分析．北京：化学工业出版社，2004.